工业机器人
工作站预防维护与故障诊断

主　编　赖周艺　郭　婷　叶　晖

参　编　吴健澄　何　懂　陈三凤

　　　　张晓莉　汪　洋

U0219296

机械工业出版社

本书围绕着从认识 ABB 工业机器人实训工作站硬件构成，到能够独立完成工业机器人实训工作站的周期维护保养，以及根据实际情况进行基本故障诊断这一主题，通过详细的图解实例对 ABB 工业机器人实训工作站的硬件相关基础知识、周期维护保养和故障诊断相关的方法与功能进行讲述，让读者掌握与周期维护保养作业和故障诊断相关的每一项具体操作方法，从而使读者对 ABB 工业机器人实训工作站本体控制器硬件方面有一个全面的认识。为方便读者学习，本书赠送 PPT 课件，可联系 QQ296447532 获取。

本书适合于从事 ABB 工业机器人实训工作站应用的操作与设备管理技术员和工程师，特别是 ABB 工业机器人的设备维修人员，以及普通本科院校和高职院校自动化和机器人相关专业学生学习与阅读参考。

图书在版编目（CIP）数据

工业机器人工作站预防维护与故障诊断 / 赖周艺，
郭婷，叶晖主编. -- 北京：机械工业出版社，2025. 1.
ISBN 978-7-111-77222-4

I. TP242.2

中国国家版本馆 CIP 数据核字第 2025MS0432 号

机械工业出版社（北京市百万庄大街 22 号　邮政编码 100037）
策划编辑：周国萍　　　　　　　责任编辑：周国萍　刘本明
责任校对：韩佳欣　张昕妍　　封面设计：马精明
责任印制：常天培
固安县铭成印刷有限公司印刷
2025 年 1 月第 1 版第 1 次印刷
184mm×260mm · 9.5 印张 · 198 千字
标准书号：ISBN 978-7-111-77222-4
定价：59.00 元

电话服务　　　　　　　　　网络服务
客服电话：010-88361066　　机　工　官　网：www.cmpbook.com
　　　　　010-88379833　　机　工　官　博：weibo.com/cmp1952
　　　　　010-68326294　　金　书　网：www.golden-book.com
封底无防伪标均为盗版　机工教育服务网：www.cmpedu.com

前　言

生产力的不断进步推动了科技的进步与革新，建立了更加合理的生产关系。自工业革命以来，人力劳动已经逐渐被机械所取代，而这种变革为人类社会创造出巨大的财富，极大地推动了人类社会的进步。时至今天，机电一体化、机械智能化等技术应运而生。人类充分发挥主观能动性，进一步增强对机械的利用效率，使之为我们创造出更加巨大的生产力，并在一定程度上维护了社会的和谐。工业机器人的出现是人类在利用机械进行社会生产上的一个里程碑。在发达国家，工业机器人自动化生产线成套设备已成为自动化装备的主流及未来的发展方向。国外汽车行业、电子电器行业、工程机械等行业已经大量使用工业机器人自动化生产线，以保证产品质量，提高生产率，同时避免了大量的工伤事故。全球诸多国家近半个世纪的工业机器人的使用实践表明，工业机器人的普及是实现自动化生产、提高社会生产率、推动企业和社会生产力发展的有效手段。近两年，我国工业机器人应用领域不断拓展，光伏、新能源汽车成增长主引擎，光伏制造环节工业机器人渗透率持续提升。

全球领先的工业机器人制造商瑞典 ABB 致力于研发、生产机器人已有 50 多年的历史，是工业机器人的先行者，拥有全球超过 30 万台工业机器人的安装经验，在瑞典、挪威和中国等地设有机器人研发、制造和销售基地。ABB 于 1969 年售出全球第一台喷涂机器人，于1974 年发明了世界上第一台工业机器人，并拥有当今种类最多、最全面的工业机器人产品、技术和服务，以及最大的工业机器人装机量。

本书以 ABB 工业机器人实训工作站为案例对象，通过三个项目 16 个任务详细讲解了正确进行工业机器人实训工作站的周期维护保养与故障诊断的步骤和方法，力求让读者对ABB 工业机器人实训工作站的相关基础知识、周期维护保养与故障诊断有一个全面的了解。书中的内容简明扼要、图文并茂、通俗易懂，适合于从事工业机器人操作，特别是需要进行 ABB 工业机器人故障诊断与周期维护保养的工程技术人员参考，还适合普通本科院校和高职院校自动化和机器人相关专业的学生使用。为便于读者学习，本书赠送 PPT 课件，可联系 QQ296447532 获取。

中国 ABB 机器人市场部和北京华航唯实机器人科技股份有限公司为本书的撰写提供了许多宝贵意见和资源支持，在此表示感谢。尽管编著者主观上想努力使读者满意，但在书中难免还会有不尽如人意之处，欢迎读者提出宝贵的意见和建议。

编著者

目　录

本书介绍的工业机器人操作与运维工作站（简称工作站）是一个集教育与实践为一体的工作站，如图 0-1 所示。它不仅符合教育部 1+X 证书《工业机器人操作与运维职业技能等级标准》的考核要求，还涵盖了从初级到高级的全面技能培养体系，旨在培养未来的工业自动化领域的精英。

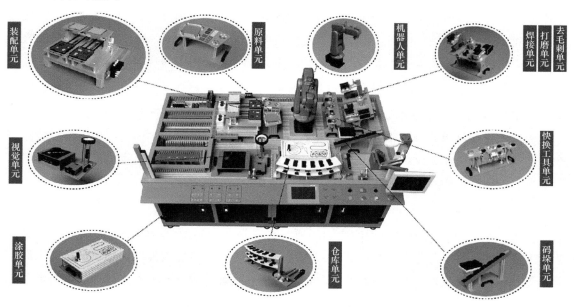

图 0-1　工业机器人操作与运维工作站

本工作站的特点如下：

1. 模块化设计，灵活多变

本工作站的核心特色在于其模块化设计。它包括了机器人单元、装配单元、视觉单元、涂胶单元、码垛单元、快换工具单元、打磨单元、焊接单元、去毛刺单元、仓库单元、人机交互单元、PLC 单元、离线编程单元、桌面平台单元以及气泵等。这些模块不仅独立，而且可以快速更换，这意味着工作站能够根据不同的训练和考核任务，迅速调整配置，实现从基础操作到高级运维的全方位技能训练。

2. 技能点全面覆盖，难度分级

从简单的操作指令输入，到复杂的系统集成与调试，本工作站覆盖了工业机器人操作与运维的全部技能点。初级模块注重基础操作与安全规范，中级模块引入了自动化流程与编程基础，而高级模块则挑战系统集成与故障诊断，确保学员能够循序渐进地提升技能，最终达到专业水平。

3. 与前沿技术融合，创新教育模式

本工作站不仅是一个实训平台，更是前沿技术的展示窗口。它融合了智能控制技术、工业机器人技术、机电一体化技术、计算机应用技术、软件技术、相机测量技术等领域的知识和技能，让学生在实践中学习，通过解决实际问题来掌握理论知识。这种理论与实践相结合的创新教育模式，极大地提升了学习效率，让学生在操作中理解原理，在运维中掌握技巧。

4. 体验工业自动化与数字化的未来

本工作站的设立不仅仅是为了培养技能，更是为了引领未来。它展示了工业自动化、生产数字化、控制网络化、系统集成化等先进理念，让学生提前接触和适应工业4.0时代的生产模式。通过工作站的学习，学生将不仅能获得操作技能，更能理解自动化生产线的整体架构与运作逻辑，为将来在工业自动化领域的职业发展奠定坚实的基础。

5. 考量人机交互与安全

本工作站的人机交互单元设计，强调了人性化操作界面与安全防护机制的重要性。它不仅提供了直观易用的操作平台，还融入了多重安全措施，确保在实训过程中，学员能够安全、高效地进行操作。这种设计思路，体现了工作站对于学员安全的高度重视，同时也培养了学员在实际工作中对安全规范的尊重与遵守。

6. 持续学习与终身教育

本工作站不仅仅是一个短期的实训场所，它还是一个终身学习的平台。随着工业自动化技术的不断进步，工作站将持续更新其模块与技术，为学员提供最新的知识与技能培训。无论是对于在校学生，还是对于在职工程师，本工作站都将成为一个不可或缺的学习资源，帮助他们不断适应行业变革，保持竞争力。

本工作站是一个集技能培养、技术创新、安全教育于一体的综合实训平台。它不仅响应了教育部对于职业技能培训的要求，更体现了对未来工业自动化人才的培养愿景。在这里，学员将不仅学到操作技能，更能掌握创新思维与解决问题的能力，为未来在工业自动化领域的职业生涯打下坚实的基础。随着本工作站的不断升级与完善，它将为我国工业自动化人才的培养做出更大的贡献，助力中国制造业迈向更高水平。

本工作站可开展的实训内容如下：

1）工业机器人安装、初始化与备份恢复考核项目。

2）工业机器人手动控制及基本参数设置。

3）工业机器人I/O通信及总线通信。

4）工业机器人单轴运动与线性运动控制。

5）工业机器人工具TCP参数标定。

6）工业机器人工件坐标系参数标定及多坐标系切换。

7）工业机器人多类型工具快速更换。

8）简单平面轨迹、复杂空间轨迹编程。

9）工业机器人打磨工艺应用考核项目。

10）工业机器人焊接工艺应用考核项目。

11）工业机器人去毛刺工艺应用考核项目。

12）工业机器人与变位机联合运动控制考核项目。

13）力觉传感器的安装、通信与检测考核项目。

14）工业机器人快换工具的技术选型与应用考核项目。

15）CCD 相机与光源的组成和工作原理考核项目。

16）工业视觉颜色识别、尺寸识别、形状识别案例实操考核项目。

17）工业机器人与 CCD 视觉系统数据通信应用考核项目。

18）系统单元 HMI 触摸屏基本编程与调试考核项目。

19）组态软件的安装与通信设置考核项目。

20）PLC 基本编程与调试考核项目。

21）PLC 与 CCD 之间通信设置考核项目。

22）PLC 与工业机器人网络通信应用考核项目。

23）PLC 伺服电动机速度位置控制功能的应用考核项目。

24）PLC 程序故障的设置与排除考核项目。

25）系统参数故障的设置与排除考核项目。

26）电气接线故障的设置与排除考核项目。

27）传感器信号故障的设置与排除考核项目。

28）基于 ABB 工业机器人 RobotStudio 机器人离线编程软件的工作站模型环境搭建与配置。

29）基于 ABB 工业机器人 RobotStudio 机器人离线编程软件的涂胶离线编程应用。

30）基于 ABB 工业机器人 RobotStudio 机器人离线编程软件的搬运码垛工艺离线编程应用。

31）基于 ABB 工业机器人 RobotStudio 机器人离线编程软件的焊接离线编程应用。

32）基于 ABB 工业机器人 RobotStudio 机器人离线编程软件的打磨抛光工艺离线编程应用。

工业机器人预防维护与故障诊断前的准备

任务 1-1 工业机器人工作站安全作业事项

一、任务描述

在开始工业机器人工作站的学习之前，需要清楚安全作业的重要性。其中，了解工业机器人工作站的安全标志和操作提示是不可或缺的。

安全标识与操作提示是向作业人员警示工作场所或周围环境的危险状况和防止人们靠近危险设施设备而指导人们采取合理行为而设计的，能够提醒作业人员预防危险，从而避免事故发生；当危险发生时，能够指示人们尽快逃离，或者指示人们采取正确、有效、得力的措施，对危害加以遏制。所以，在本任务中，要求牢记工业机器人工作站上的安全标志和操作提示。

二、任务目标

1）熟悉工业机器人工作站上的安全标志。
2）熟悉工业机器人工作站上的操作提示。

三、相关知识

1. 工业机器人工作站上的安全标志及提示

与人身以及工业机器人使用安全直接相关的标志及提示的含义见表 1-1，务必熟知。

表 1-1　与人身以及工业机器人使用安全直接相关的标志及提示的含义

标志及提示	含义
⚠ 危险	警告如果不依照说明操作，就会发生事故，并导致严重或致命的人员伤害和 / 或严重的产品损坏。该标志适用于以下险情：碰触高压电气装置、爆炸或火灾、有毒气体、压轧、撞击和从高处跌落等
⚠ 警告	警告如果不依照说明操作，可能会发生事故，造成严重的伤害（可能致命）和 / 或重大的产品损坏。该标志适用于以下险情：触碰高压电气单元、爆炸、火灾、吸入有毒气体、挤压、撞击、高空坠落等

（续）

标志及提示	含义
电击	针对可能导致严重的人身伤害或死亡的电气危险的警告
小心	警告如果不依照说明操作，可能发生造成伤害和／或产品损坏的事故。该标志适用于以下险情：灼伤、眼部伤害、皮肤伤害、听力损伤、挤压或滑倒、跌倒、撞击、高空坠落等。此外，它还适用于某些涉及功能要求的警告消息，即在装配和移除设备过程中出现有可能损坏产品或引起产品故障的情况时，就会采用这一标志
静电放电（ESD）	针对可能导致严重产品损坏的电气危险的警告。在看到此标志时，在作业前要进行释放人体静电的操作，最好能带上静电手环并可靠接地后才开始相关的操作
注意	描述重要的事实和条件。请一定要重视相关的说明
提示	描述从何处查找附加信息或如何以更简单的方式进行操作

2. 工业机器人工作站的操作标志及提示

在对工业机器人进行任何操作时，必须遵守产品上的安全和健康标志。此外，还须遵守系统构建方或集成方提供的补充信息。这些信息对所有操作机器人系统的人员都非常有用，如安装、检修或操作期间。工业机器人本体和控制器上的操作标志及提示的说明见表1-2。

表1-2　工业机器人本体和控制器上的操作标志及提示的说明

标志及提示	说明
禁止	此标志要与其他标志组合使用才会代表具体的意思
请参阅用户文档	请阅读用户文档，了解详细信息

（续）

标志及提示	说明
拆卸前请参阅产品手册	在拆卸之前，请参阅产品手册
不得拆卸	不能拆卸贴有此标志的工业机器人部件，否则会导致对人身的严重伤害
旋转更大	此轴的旋转范围（工作区域）大于标准范围。一般用于大型工业机器人（比如 IRB 6700）的轴 1 旋转范围的扩大
制动闸释放	按此按钮将会释放工业机器人对应轴电动机的制动闸。这意味着工业机器人可能会掉落。特别是在释放轴 2、轴 3 和轴 5 时，要注意工业机器人对应轴因为地球引力的作用而向下失控的运动
倾翻风险	如果工业机器人底座固定用的螺栓没有在地面做牢靠的固定或松动，那就可能造成工业机器人的翻倒，所以要将工业机器人固定好并定期检查螺栓的松紧
小心被挤压	贴有此标志表明该处有人身被挤压伤害的风险，请格外小心
高温	贴有此标志表明该处由于长期和高负荷运行，部件表面的高温存在可能导致灼伤的风险
注意！工业机器人移动	工业机器人可能会意外移动

（续）

标志及提示	说明
储能部件	警告此部件蕴含储能不得拆卸。一般会与不得拆卸标志一起使用
不得踩踏	警告如果踩踏贴有此标志处的部件，会造成工业机器人部件的损坏
制动闸释放按钮	单击对应编号的按钮，对应的电动机抱闸会打开
吊环螺栓	一个紧固件，其主要作用是起吊工业机器人
带缩短器的吊货链	主要作用是起吊工业机器人
工业机器人提升	该标签用于对工业机器人的提升和搬运提示
加注润滑油	如果不允许使用润滑油，则可与禁止标签一起使用
机械限位	起到定位作用或限位作用
无机械限位	表示没有机械限位
储能	1）警告此部件蕴含储能 2）与不得拆卸标志一起使用

（续）

标志及提示	说明
压力（bar/Max 压力表图示）	警告此部件承受了压力。通常另外印有文字，标明压力大小
使用手柄关闭（开关图示）	使用控制器上的电源开关关闭电源
额定值标示 ABB Engineering(Shanghai) Ltd. Made in China Type: IRB1200 Robot variant : IRB1200-7/0.7 Protection : Standard Circuit diagram: See user documentation 1200-888888 Data of manufacturing : 03/22/2016 Max load : See load diagram Net weight : 54kg	写明该款工业机器人的额定数值
校准数据标示 1200-501374 Axis / Resolver values 1 / 4.3613 2 / 3.8791 3 / 3.4159 4 / 2.1185 5 / 2.3283 6 / 0.6529	标明该款工业机器人每个轴的转速计数器更新的偏移数据
工业机器人序列号标示 120-804444	该款工业机器人产品的序列号（每一台工业机器人都是唯一的）
阅读手册标示（阅读手册图示）	请阅读用户手册，了解详细信息
UL 标示 ABB Collaborative Robot System Also Certified to: ISO 13849:2006 up to PL b (Cat B) See manual for safety functions UL CERTIFIED	产品认证安全标示

（续）

标志及提示	说明
 WARNING - LOCKOUT/TAGOUT DISCONNECT MAIN POWER BEFORE SERVICING EQUIPMENT 警告标示	在维修控制器前将电源断开
 Absolute Accuracy AbsAcc 标示	绝对精度标示
 说明标示	1）制动闸释放 2）工业机器人可能发生移动 3）制动闸释放按钮
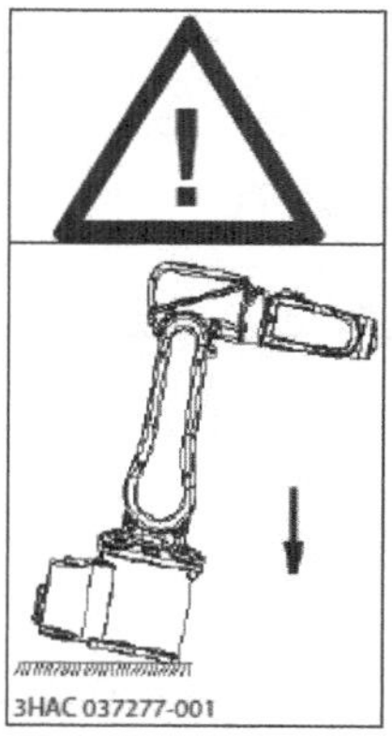 3HAC 037277-001 警告标示	拧松螺栓有倾翻风险

四、任务实操与评价

学习完此课程后，请完成以下学习情况评估表，对自己的掌握情况进行评估。

学习情况评估表

练习编号 _____

学生姓名		日期	
班级		开始时间	
实训室		结束时间	

A 熟悉工业机器人安全标志（30分）

序号	图片	标志	含义	分值	自我评价	教师评价
1				10		
2				10		
3				10		
总分值					30	
实际得分						

B 熟悉工业机器人操作提示（70分）

序号	图片	标志	含义	分值	自我评价	教师评价
1				10		
2				10		
3				10		
4				10		
5				10		
6				10		
7				10		
总分值					70	
实际得分						

任务 1-2　工业机器人工作站预防维护与故障诊断工具

一、任务描述

在清楚安全作业的重要性之后，需要了解工业机器人工作站预防维护与故障诊断的工具。其中，包括工业机器人工作站控制柜及本体所需的常规工具和专用工具，以便后续更高效地处理工业机器人工作站使用时出现的问题，所以，在本任务中，要求熟悉掌握与工业机器人工作站相关的使用工具。

二、任务目标

1）认识控制柜维护所需工具。

2）认识工业机器人本体维护所需工具。

三、相关知识

1. 控制柜维护所需工具

除了电工常备的工具及仪表以外，表 1-3 中的工具是在对工业机器人控制柜维护时一定会用到的，所以在开始对控制柜进行维护作业前要准备好对应的工具。

表 1-3　控制柜维护所需工具

工具名称及规格	图示
星形螺钉旋具，规格：Tx10、Tx25	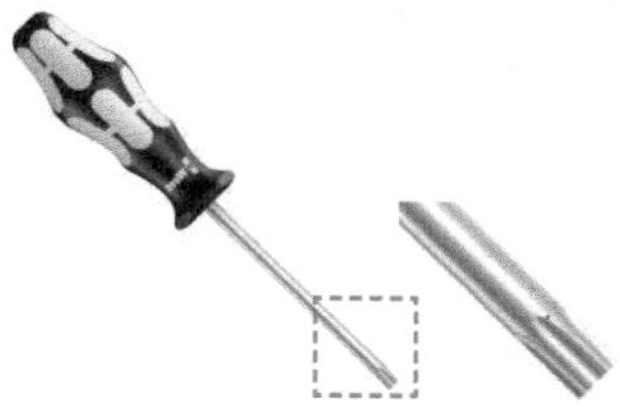
一字螺钉旋具，规格：4mm	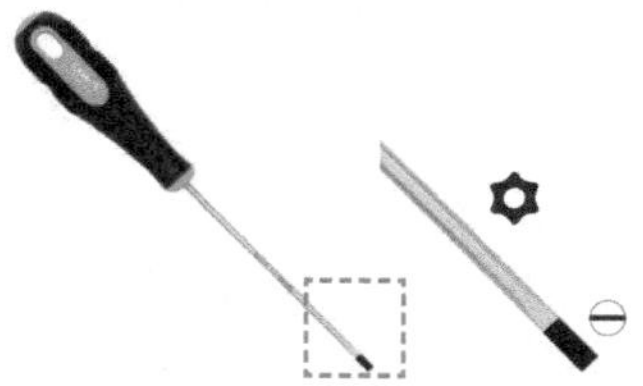
一字螺钉旋具，规格：8mm、12mm	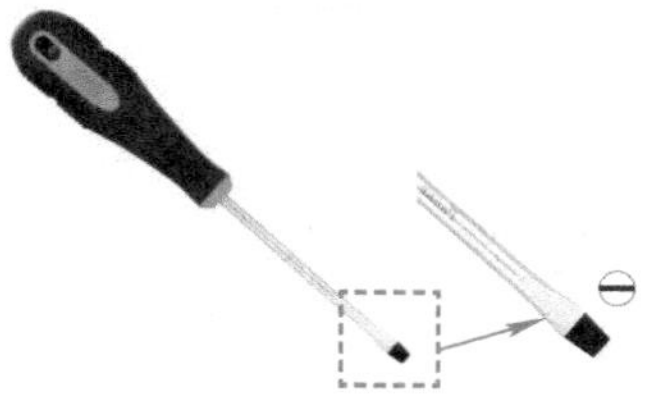

（续）

工具名称及规格	图示
套筒扳手，规格：8mm 系列	
小型螺钉旋具套装，规格：一字，1.6mm、2.0mm、2.5mm、3.0mm；十字，PH0、PH1	

2. 工业机器人本体维护所需工具

除了电工常备的工具及仪表以外，表 1-4 中的工具是在对工业机器人本体维护时一定会用到的，所以在开始对工业机器人进行维护作业前要准备好对应的工具。

表 1-4　工业机器人本体维护所需工具

工具名称及规格	图示
内六角加长球头扳手，规格：9 件，包括 1.5mm、2mm、2.5mm、3mm、4mm、5mm、6mm、8mm、10mm	
星形加长扳手，规格：9 件，包括 T10、T15、T20、T25、T27、T30、T40、T45、T50	
扭矩扳手，规格：0 ～ 60N·m 1/2 的棘轮头	
塑料锤，规格：25mm、30mm	

（续）

工具名称及规格	图示
小剪钳，规格：5in[①]	
带球头的 T 形手柄规格：3mm、4mm、5mm、6mm、8mm、10mm	
尖嘴钳，规格：6in[①]	

① 1in=0.0254m。

四、任务实操与评价

学习完此课程后，请完成以下学习情况评估表，对自己的掌握情况进行评估。

学习情况评估表

练习编号 _____

学生姓名		日期	
班级		开始时间	
实训室		结束时间	

A 熟悉维护工业机器人控制柜用工具（50 分）

工具	分值	自我评价	教师评价
写出工业机器人控制柜用工具有哪些，并进行演练	50		

总分值	50	
实际得分		

B 熟悉维护工业机器人本体用工具（50分）

工具	分值	自我评价	教师评价
写出工业机器人本体用工具有哪些，并进行演练	50		

总分值	50	
实际得分		

项目 2

工业机器人工作站预防维护

任务 2-1 工业机器人的预防维护

一、任务描述

在工作站中，工业机器人是最主要的执行机构，所以必须对工业机器人进行定期维护以确保其功能正常。发生不可预测的异常也会对工业机器人进行检查，在日常工业机器人的运行过程中必须及时注意任何损坏。另外，在工作站使用中，需要经常更换工具进行操作，所以，快换工具接头的预防维护也是非常必要的。只有对工业机器人本体、控制柜、快换工具接头都做好预防维护，才能保证工业机器人稳定运行。

二、任务目标

1）制定 ABB IRB 120 本体、控制器和快换工具接头的维护点检计划。
2）对 ABB IRB 120 本体、控制器和快换工具接头实施预防维护点检计划。

三、相关知识

1. 工业机器人本体

工业机器人本体采用 ABB IRB 120，该工业机器人是 ABB 迄今最小的多用途工业机器人。ABB IRB 120 仅重 25kg，负载 3kg（垂直腕为 4kg），工作半径达 580mm，具有敏捷、紧凑、轻量的特点，控制精度与路径精度高，十分适合物料搬运与装配应用。由于小巧安全的特性，该工业机器人大量应用在教育和培训领域，如图 2-1 所示。

a）本体

图 2-1 工业机器人本体及工作区域

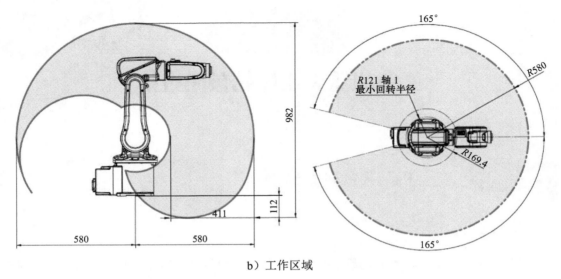

b）工作区域

图 2-1　工业机器人本体及工作区域（续）

ABB IRB 120 主要技术参数见表 2-1。

表 2-1　ABB IRB 120 主要技术参数

工作半径 /mm	580	轴数	6
有效载荷 /kg	3	手臂载荷 /kg	4
重复定位精度 /mm	0.01	功耗 /kW	0.25
防护等级	IP54	质量 /kg	25

2. 工业机器人控制柜

　　本工作站中，工业机器人控制柜采用 IRC5 紧凑型控制柜（IRC5C），其外形尺寸为 310mm（高）×449mm（宽）×442（深）mm，如图 2-2 所示。新型 IRC5C 的操作面板采用精简设计，完成了线缆接口的改良，以增强使用的便利性和操作的直观性。例如：已预设所有信号的外部接口，并内置可扩展 16 路输入 /16 路输出 I/O 系统。IRC5C 虽然机身小巧，但其卓越的运动控制性能毫不亚于常规尺寸的控制器。IRC5C 配备了以 TrueMove ™和 QuickMove ™为代表的运动控制技术，为 ABB 工业机器人在精度、速度、节拍时间、可编程性及外部设备同步性等指标上展现杰出性能奠定了坚实基础。有了 IRC5C，增设附加硬件与传感器（如 ABB 集成视觉）变得格外轻松和便捷。

图 2-2　工业机器人控制柜

3．快换工具接头

本工作站中使用的快换工具接头如图 2-3 所示。

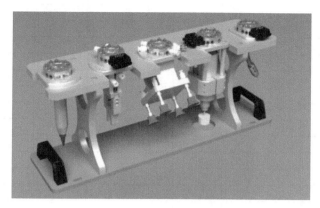

图 2-3　快换工具接头

1）组成：快换工具单元由焊接工具、夹爪工具、打磨抛光工具、吸盘工具、涂胶工具及工业机器人快换工具装置组成。

2）功能：可实现工业机器人快速切换不同工具，可进行不同任务对象的抓取、搬运和加工等动作。

工业机器人的工具种类直接决定了工业机器人的应用功能，本工作站中 5 种不同功能的工具覆盖了大多数典型应用生产任务需求，多个工具采用复合设计，以实现不同的工艺功能。所有工具均采用工业级工具快换系统，实现了无须人为干预，工业机器人可在不同工具间自由切换，同时确保气路、电路信号通信正常，大大扩展了工业机器人的应用能力。涂胶工具采用仿形设计，内部安装可轴向移动的颜色笔，可以在涂胶模块上按轨迹要求涂绘；夹爪工具利用气缸驱动，采用平行二指形式，可以稳定夹取码垛物料和铁轨毛坯料；吸盘工具采用双功能设计，既可稳定吸取异形芯片，又可吸取盖板；打磨抛光工具采用电动驱动，配合不同打磨头（铁刷、砂轮、羊毛轮等），可实现工件的表面加工；焊接工具采用防型焊枪，内置激光头，可通过 I/O 控制激光通断，用于模拟焊接起弧熄弧工艺等。

四、任务实操与评价

设备点检是一种科学的设备管理方法，它是利用人的五官或简单的仪器工具，对设备进行定点、定期的检查，对照标准发现设备的异常现象和隐患，掌握设备故障的初期信息，以便及时采取对策，将故障消灭在萌芽阶段的一种管理方法。

1．制定点检计划

下面针对工业机器人 ABB IRB 120、紧凑型控制柜 IRC5 和快换工具接头制定日点检表及定期点检表，具体见表 2-2 ～表 2-7。

表2-2　ABB IRB 120 本体日点检表

年___月

类别	编号	检查项目	要求标准	方法	1	2	3	4	5	6	7	8	9	10	11	12	13	14	15	16	17	18	19	20	21	22	23	24	25	26	27	28	29	30	31
日点检	1	本体及控制柜清洁，四周无杂物	无灰尘异物	擦拭																																
	2	保持通风良好	清洁无污染	测																																
	3	示教器屏幕显示是否正常	显示正常	看																																
	4	示教器控制器是否正常	正常控制工业机器人	试																																
	5	检查安全防护装置是否运作正常，急停按钮是否正常等	安全装置运作正常	测试																																
	6	气管、接头、气阀有无漏气	密封性完好，无漏气	听、看																																
	7	检查电动机运转声音是否异常	无异常声响	听																																
		确认人签字																																	
备注	日点检要求每日开工前进行。设备点检、维护正常画"√"；使用异常画"△"；设备未运行画"/"。																																	

表 2-3 ABB IRB 120 本体定期点检表

类别	编号	检查项目	1	2	3	4	5	6	7	8	9	10	11	12	年
定期点检①	1	清洁工业机器人													
	2	检查工业机器人线缆②													
	3	检查轴 1 机械限位③													
	4	检查轴 2 机械限位③													
	5	检查轴 3 机械限位③													
	6	检查塑料盖													
		确认人签字													
每 12 个月	7	检查信息标志													
		确认人签字													
每 36 个月	8	检查同步带													
		确认人签字													
	9	更换电池组④													
		确认人签字													

备注

① "定期"意味着要定期执行相关活动，但实际的间隔可以不遵守工业机器人制造商的规定。此间隔取决于工业机器人的操作周期，工作环境和运动模式。通常来说，环境污染越严重，运动模式越苛刻（电缆线束弯曲越厉害），检查间隔越短。

② 工业机器人布线包含工业机器人与控制器机柜之间的布线。如果发现有损坏或裂缝，请更换。

③ 如果机械限位撞到，应立即检查。

④ 电池的剩余后备电量（工业机器人电源关闭）不足 2 个月时，将显示电池低电量警告（38213 电池电量低）。通常，如果工业机器人电源每周关闭 2 天，则新电池的使用寿命为 36 个月，而如果工业机器人电源每天关闭 16 h，则新电池的使用寿命为 18 个月。对于较长的生产中断，通过电池关闭服务例行程序可延长电池使用寿命（大约 3 倍）。

设备点检、维护正常画"√"；使用异常画"△"；设备未运行画"/"。

表2-4　紧凑型控制柜IRC5日点检表

＿＿年＿＿月

类别	编号	检查项目	要求标准	方法	1	2	3	4	5	6	7	8	9	10	11	12	13	14	15	16	17	18	19	20	21	22	23	24	25	26	27	28	29	30	31
日点检	1	控制柜清洁，四周无杂物	无灰尘异物	擦拭																																
	2	保持通风良好	清洁无污染	看																																
	3	示教器功能是否正常	显示正常	看																																
	4	控制器运行是否正常	正常控制工业机器人	看																																
	5	检查安全防护装置是否运作正常，急停按钮是否正常等	安全装置运作正常	测试																																
	6	检查按钮/开关功能	功能正常	测试																																
	7																																		
		确认人签字																																	
备注	日点检要求每日开工前进行。设备点检、维护正常画"√"；使用异常画"△"；设备未运行画"/"。																																		

表 2-5 紧凑型控制柜 IRC5 定期点检表

—— 年

类别	编号	检查项目	1	2	3	4	5	6	7	8	9	10	11	12
定期点检	1	清洁示教器												
		确认人签字												
每 6 个月	2	散热风扇的检查												
		确认人签字												
每 12 个月	3	清洁散热风扇												
	4	检查上电接触器 K42、K43												
	5	检查制动接触器 K44												
	6	检查安全回路												
	7	确认人签字												
备注		"定期"意味着要定期执行相关活动,但实际的间隔可以不遵守工业机器人制造商的规定。此间隔取决于工业机器人的操作周期、工作环境和运动模式。通常来说,环境污染越严重,运动模式越苛刻(电缆线束弯曲越历害),检查间隔越短。设备点检、维护正常画"√";使用异常画"△";设备未运行画"/"。												

表 2-6　快换工具接头日点检表

　　　　　　　　　　　　　　　　　　　　　　　　　　　　　年　月

类别	编号	检查项目	要求标准	方法	1	2	3	4	5	6	7	8	9	10	11	12	13	14	15	16	17	18	19	20	21	22	23	24	25	26	27	28	29	30	31
日点检	1	快换工具接头周边无杂物	无灰尘异物	清扫																															
		确认人签名																																	
备注	日点检要求每日开工前进行。 设备点检、维护正常画"√"；使用异常画"△"；设备未运行画"/"。																																	

表 2-7　快换工具接头定期点检表

　　　　　　　　　　　　　　　　　　　　　　　　　　年

类别	编号	检查项目	1	2	3	4	5	6	7	8	9	10	11	12
定期点检	1	工具及周边灰尘清理												
	2	夹具对接、断开测试												
	3	夹爪工具开合检查												
	4	吸盘工具吸嘴气密性检查												
	5	工具涂料笔能正常涂写												
	6	打磨工具能正常转动、榻制打磨头无明显损耗												
	7	焊接工具焊枪头端模拟灯是否能正常点亮												
		确认人签名												
每6个月	8	使用润滑剂润滑快换工具接头活动部件												
		确认人签名												
备注	"定期"意味着要定期执行相关活动，但实际的间隔可以不遵守制造商的规定。此间隔取决于工作站操作周期、工作环境和运行模式。通常来说，环境污染越严重，运行模式越苛刻，检查间隔越短。 设备点检、维护正常画"√"；使用异常画"△"；设备未运行画"/"。													

2．点检项目维护实施

ABB IRB 120 本体定期点检项目 1：清洁工业机器人

关闭工业机器人的所有电源，然后再进入工业机器人的工作空间。

为保证较长的正常运行时间，请务必定期清洁 ABB IRB 120。清洁的时间间隔取决于工业机器人工作的环境。

（1）注意事项

1）务必按照规定使用清洁设备。任何其他清洁设备都可能会缩短工业机器人的使用寿命。

2）清洁前，务必先检查是否所有保护盖都已安装到工业机器人上。

3）切勿进行以下操作：

① 将清洗水柱对准连接器、接点、密封件或垫圈。

② 使用压缩空气清洁工业机器人。

③ 使用未获工业机器人厂家批准的溶剂清洁工业机器人。

④ 喷射清洗液的距离低于 0.4 m。

⑤ 清洁工业机器人之前，卸下任何保护盖或其他保护装置。

（2）清洁方法　表 2-8 规定了 ABB IRB 120 允许的清洁方法。

表 2-8　ABB IRB 120 允许的清洁方法

工业机器人防护类型	清洁方法			
	真空吸尘器	用布擦拭	用水冲洗	高压水或高压蒸汽
Standard IP30	可以	可以，使用少量清洁剂	不可以	不可以

1）用布擦拭注意：工业机器人在清洁后，应确保没有液体流入工业机器人或滞留在缝隙和表面。

2）可移动电缆需要能自由移动：

① 如果沙、灰和碎屑等妨碍电缆移动，则将其清除。

② 如果发现电缆有硬皮，则要马上进行清洁。

ABB IRB 120 本体定期点检项目 2：检查工业机器人线缆

工业机器人布线包含工业机器人与控制器机柜之间的线缆，主要是电动机动力电缆、SMB 电缆和用户电缆（选配），如图 2-4 所示。

图 2-4　工业机器人线缆

（1）所需工具和设备　目视检查，不需要工具。

（2）检查工业机器人布线　使用表 2-9 所示操作程序检查工业机器人线缆。

表 2-9 检查线缆

序号	操作
1	⚠ **危险** 进入工业机器人工作区域之前，关闭连接到工业机器人的所有： 1）工业机器人的电源 2）工业机器人的液压供应系统 3）工业机器人的气压供应系统
2	目测检查： 工业机器人与控制器机柜之间的控制线缆 查找是否有磨损、切割或挤压损坏
3	如果检查到磨损或损坏，则更换线缆

ABB IRB 120 本体定期点检项目 3：检查机械限位

在轴 1 的运动极限位置有机械限位，轴 2-3 的运动极限位置有机械限位，用于限制轴运动范围以便满足应用中的需要。为了安全，要定期点检所有的机械限位是否完好，功能是否正常。

图 2-5 显示了轴 1 机械限位、轴 2 和轴 3 上的机械限位位置。

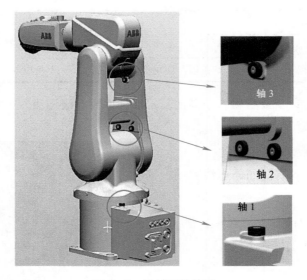

图 2-5 机械限位位置

（1）所需工具和设备 目视检查，不需要工具。

（2）检查机械限位 使用表 2-10 所示操作步骤检查轴 1 机械限位、轴 2 和轴 3 上的机械限位。

表 2-10 检查机械限位

序号	操作
1	⚠️危险：进入工业机器人工作区域之前，关闭连接到工业机器人的所有： 1）工业机器人的电源 2）工业机器人的液压供应系统 3）工业机器人的压缩空气供应系统
2	检查机械限位
3	机械限位出现以下情况时，请马上进行更换： 1）弯曲变形 2）松动 3）损坏 注意：与机械限位的碰撞会导致齿轮箱的预期使用寿命缩短。在示教与调试工业机器人时要特别小心。

ABB IRB 120 本体定期点检项目 4：检查塑料盖

ABB IRB 120 工业机器人本体使用了塑料盖，主要是基于轻量化的考量。为了保持完整的外观和可靠的运行，需要定期对工业机器人本体的塑料盖进行维护。

塑料盖示意图如图 2-6 所示。塑料盖更换步骤见表 2-11。

表 2-11 塑料盖更换步骤

序号	操作流程
1	⚠️危险：开始操作前，请关闭工业机器人的所有电力、液压和气压供给
2	检查塑料盖是否存在： 1）裂纹 2）其他类型的损坏
3	如果检查到裂纹或损坏，则更换塑料盖

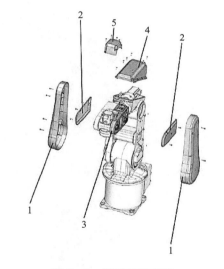

图 2-6 塑料盖示意图

1—下臂盖（2 件）2—腕侧盖（2 件）
3—上臂盖　4—轴 4 保护盖　5—轴 6 保护盖

ABB IRB 120 本体定期点检项目 5：检查信息标志

工业机器人和控制器都贴有数个安全和信息标志，其中包含产品的相关重要信息。这些信息对操作工业机器人系统的人员在所有工作期间都非常有用，如安装、检修或操作期间。因此有必要维护好信息标志的完整。

（1）标志信息　请参阅本书任务 1-1 的内容。

（2）所需工具和设备　目视检查，不需要工具。

（3）检查信息标志　操作步骤见表 2-12。

表 2-12   检查信息标志

序号	操作	注释
1	⚠ 危险：进入工业机器人工作区域之前，关闭连接到工业机器人的所有： 1）工业机器人的电源 2）工业机器人的液压供应系统 3）工业机器人的压缩空气供应系统	
2	检查位于工业机器人本体上的标志	
3	更换所有丢失或受损的标志	

ABB IRB 120 本体定期点检项目 6：检查同步带

同步带的位置如图 2-7 所示。

图 2-7   同步带的位置

（1）所需工具和设备   米制内六角圆头扳手套装；同步带张力计。

（2）检查同步带   使用表 2-13 所示操作步骤检查同步带。

表 2-13 检查同步带

序号	操作	注释
1	⚠ 危险：进入工业机器人工作区域之前，关闭连接到工业机器人的所有： 1）工业机器人的电源 2）工业机器人的液压供应系统 3）工业机器人的压缩空气供应系统	
2	卸除盖子即可看到每条同步带	
3	检查同步带是否损坏或磨损	
4	检查同步带轮是否损坏	
5	如果检查到任何损坏或磨损，则必须更换该部件	
6	使用张力计对同步带的张力进行检查	
7	检查每条同步带的张力 如果同步带张力不正确，请进行调整	轴 3：新同步带 F=18 ～ 19.7N 旧同步带 F=12.5 ～ 14.3N 轴 5：新同步带 F=7.6 ～ 8.4N 旧同步带 F=5.3 ～ 6.1N

ABB IRB 120 本体定期点检项目 7：更换电池组

电池的剩余后备电量（工业机器人电源关闭）不足 2 个月时，将显示电池低电量警告（38213 电池电量低）。通常，如果工业机器人电源每周关闭 2 天，则新电池的使用寿命为 36 个月，而如果工业机器人电源每天关闭 16h，则新电池的使用寿命为 18 个月。对于较长的生产中断，通过电池关闭服务例行程序可延长电池使用寿命（大约提高使用寿命 3 倍）。

电池组的位置如图 2-8 所示。

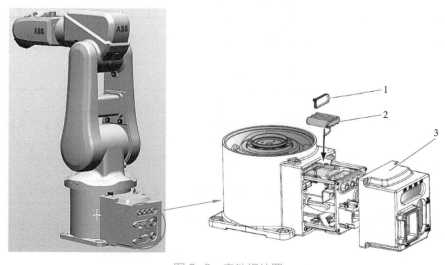

图 2-8 电池组位置

1—扎带 2—电池 3—底座盖

（1）所需工具和设备　米制内六角圆头扳手；刀具。

（2）必需的耗材　塑料扎带。

（3）卸下电池组　通过以下操作卸下电池组。

1）拆卸电池组前的准备工作，见表2-14。

表2-14　拆卸电池组前的准备工作

序号	操作	注释
1	将工业机器人各个轴调至其机械原点位置	目的是有助于后续的转数计数器更新操作
2	⚠危险：进入工业机器人工作区域之前，关闭连接到工业机器人的所有： 1）工业机器人的电源 2）工业机器人的液压供应系统 3）工业机器人的压缩空气供应系统	

2）卸下电池组的步骤，见表2-15。

表2-15　卸下电池组的步骤

序号	操作
1	⚠危险：确保电源、液压和压缩空气都已经全部关闭
2	⚡静电放电：该装置易受ESD影响。在操作之前，请先阅读任务1-1中的安全信息及操作说明
3	⚠小心：对于Clean Room版工业机器人： 在拆卸工业机器人的零部件时，请务必使用刀具切割漆层以免漆层开裂，并打磨漆层毛边以获得光滑表面
4	卸下底座盖子
5	割断固定电池的线缆扎带并拔下电池电线后取出电池 ℹ注意：电池包含保护电路。请只使用规定的备件或ABB认可的同等质量的备件进行更换

（4）重新安装电池组　通过表2-16所示操作安装新的电池组。

表2-16　重新安装电池组

序号	操作
1	⚡静电放电：该装置易受ESD影响。在操作之前，请先阅读任务1-1中的安全信息及操作说明
2	Clean Room版工业机器人：清洁已打开的接缝
3	安装电池并用线缆捆扎带固定 ℹ注意：电池包含保护电路。请只使用规定的备件或ABB认可的同等质量的备件进行更换
4	插好电池连接插头
5	将底座盖子重新安装好
6	Clean Room版工业机器人：密封和对盖子与本体的接缝进行涂漆处理 ℹ注意：完成所有维修工作后，用蘸有酒精的无绒布擦掉工业机器人上的颗粒物

（5）最后步骤　见表 2-17。

表 2-17　最后步骤

序号	操作
1	更新转数计数器
2	对于 Clean Room 版工业机器人：清洁打开的关节相关部位并将其涂漆 ■ 注意：完成所有维修工作后，用蘸有酒精的无绒布擦掉 Clean Room 工业机器人上的颗粒物
3	▲ 危险：请确保在执行首次试运行时，满足所有安全要求。这些内容在任务 1-1 中有详细说明

控制柜日点检项目 1：控制柜清洁，四周无杂物

在控制柜的周边要保留足够的空间与位置以便于操作与维护，如图 2-9 所示。

如果不能达到要求的话，要及时做出整改。

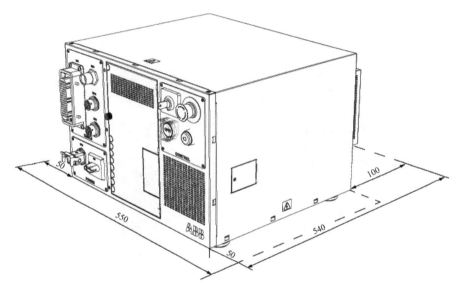

图 2-9　控制柜周边清洁

控制柜日点检项目 2：保持通风良好

对于电气元件来说，保持一个合适的工作温度是相当重要的。如果使用环境的温度过高，会触发工业机器人本身的保护机制而报警；如果不处理持续长时间的高温运行，会损坏工业机器人电气相关的模块与元件。

控制柜日点检项目 3：示教器功能是否正常

每天在开始操作之前，一定要先检查示教器的所有功能应正常，否则可能会因为误操作而造成人身的安全事故，如图 2-10 所示。

对象	检查
触摸屏幕	显示正常，触摸对象无漂移
按钮	功能正常
摇杆	功能正常

图 2-10　检查好示教器

控制柜日点检项目 4：控制器运行是否正常

控制器正常上电后，示教器上无报警。控制器背面的散热风扇运行正常，如图 2-11 所示。

控制柜日点检项目 5：检查安全防护装置是否运作正常，急停按钮是否正常等

一般在遇到紧急的情况下，第一时间按下急停按钮。ABB 工业机器人的急停按钮标配有两个，分别位于控制柜及示教器上，可以在手动与自动状态下对急停按钮进行测试并复位，确认功能正常，如图 2-12 所示。

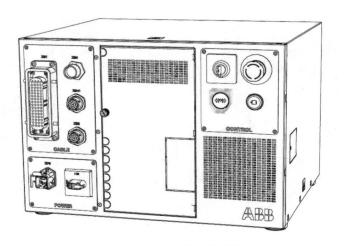

图 2-11　控制器运行正常

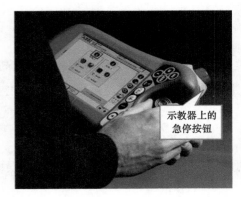
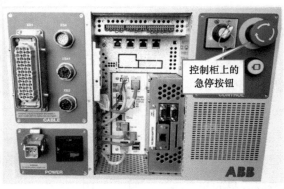

图 2-12　检查急停按钮

如果使用的是安全面板模块上的安全保护机制，AS GS SS ES 侧对应的安全保护功能也要进行测试，如图 2-13 所示。

控制柜日点检项目 6：检查按钮 / 开关功能

工业机器人在实际使用中必然会有周边的配套设备，同样是使用按钮 / 开关实现功能的使用。

在开始作业之前，要进行工业机器人本体与周边设备的按钮 / 开关的检查与确认。

控制柜定期点检项目 1：清洁示教器（每 1 个月）

根据使用说明书的要求，ABB 工业机器人示教器最起码每个月清洁一次。一般使用纯棉的拧干的湿毛巾（防静电）进行擦拭。有必要的话，只能使用稀释的中性清洁剂，如图 2-14 所示。

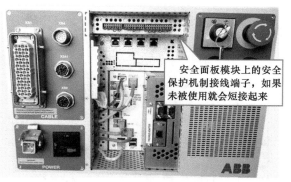

图 2-13 测试安全保护机制

图 2-14 清洁示教器

控制柜定期点检项目 2：散热风扇的检查（每 6 个月）

在开始检查作业之前，请关闭工业机器人的主电源。具体操作步骤如图 2-15、图 2-16 所示。

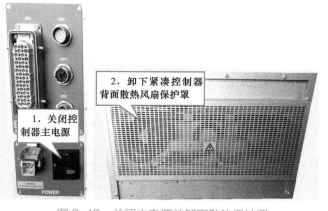

图 2-15 关闭主电源并卸下散热保护罩   图 2-16 检查散热风扇和制动电阻

控制柜定期点检项目 3：散热风扇的清洁（每 12 个月）

在开始检查作业之前，请关闭工业机器人的主电源。具体操作步骤如图 2-17、图 2-18 所示。

1. 关闭控制器主电源

2. 使用小清洁扫扫灰尘，并用小托板接住灰尘

图 2-17　关闭主电源并清扫灰尘

3. 使用手持吸尘器，对遗留的灰尘进行吸取

图 2-18　吸取灰尘

控制柜定期点检项目 4：检查上电接触器 K42、K43（每 12 个月）

具体操作步骤如图 2-19 ～ 图 2-22 所示。

1. 在手动状态下，按下使能器到中间位置，使工业机器人进入"电机上电"状态

图 2-19　电动机上电

2. 单击"状态信息"

3. 出现"10011 电机上电（ON）状态"说明状态正常。
如果出现"37001 电机上电（ON）接触器启动错误"，请重新测试；如果还不能消除，请根据报警提示进行处理

图 2-20　查看状态信息

4. 在手动状态下，松开使能器

图 2-21　松开使能

5. 出现"10012 安全防护停止状态"说明状态正常。
如果出现"20227 电机接触器，DRV1"，请重新测试；如果还不能消除，请根据报警提示进行处理

图 2-22　查看状态信息

控制柜定期点检项目 5：检查制动接触器 K44（每 12 个月）

具体操作步骤如图 2-23～图 2-26 所示。

1．在手动状态下，按下使能器到中间位置，使工业机器人进入"电机上电"状态。单轴运动慢速小范围运动工业机器人

图 2-23　电动机上电

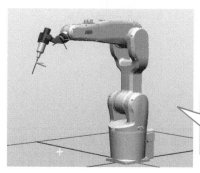

2．细心观察工业机器人的运动是否流畅和是否有异响。轴 1～6 分别单独运动进行观察。
在测试过程中，如果出现"50056 关节碰撞"，请重新测试；如果还不能消除，请根据报警提示进行处理

图 2-24　观察工业机器人运动

3．在手动状态下，松开使能器

图 2-25　松开使能

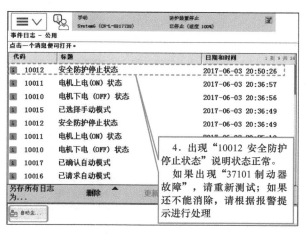

4．出现"10012 安全防护停止状态"说明状态正常。
如果出现"37101 制动器故障"，请重新测试；如果还不能消除，请根据报警提示进行处理

图 2-26　查看状态信息

控制柜定期点检项目 6：检查安全回路（每 12 个月）

具体操作步骤如图 2-27～图 2-30 所示。

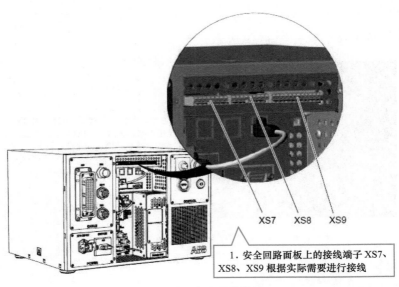

1. 安全回路面板上的接线端子 XS7、XS8、XS9 根据实际需要进行接线

图 2-27　安全回路接线

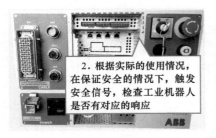

2. 根据实际的使用情况，在保证安全的情况下，触发安全信号，检查工业机器人是否有对应的响应

触发的安全信号	示教器将会发生的报警信息
Auto stop（自动停止）	20205，自动停止已打开
General stop（常规停止）	20206，常规停止已打开

图 2-28　触发安全信号并检查

3. 在这里就可以查看到触发的安全信号报警

图 2-29　报警信息

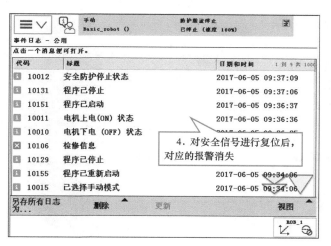

图 2-30 安全信号复位

快换工具接头日点检项目：快换工具接头周边无杂物

在快换工具接头的周边要保留足够的空间与位置，以便于操作与维护，应清理干净周边的杂物，如图 2-31 所示。

快换工具接头定期点检项目 1：工具及周边灰尘清理

一般先使用手持吸尘器对夹具进行去尘，再使用纯棉干净的毛巾进行擦拭，如图 2-32 所示。

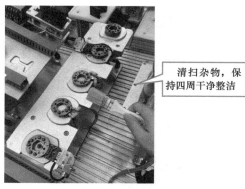

图 2-31 清扫杂物

图 2-32 去尘并擦拭

快换工具接头定期点检项目 2：夹具对接，断开测试

测试工业机器人切换工装夹具是否正常，信号控制是否正常。

工作台通电后，切换 I/O 信号至 ToDigQuickchange，地址为 7，测试各个夹具安装、拆卸是否正常，如图 2-33 所示。

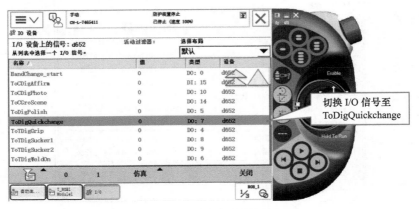

图 2-33 测试夹具切换信号

快换工具接头定期点检项目 3：夹爪工具开合检查

工作台通电通气后，安装夹爪工具，再设置 I/O 信号（设置 ToTDigGrip 为 1，地址为 4），控制夹具的开合，测试夹爪开合是否正常，是否卡塞或者气管接头松动，如图 2-34、图 2-35 所示。

图 2-34 设置夹爪工具信号

图 2-35 测试夹爪工具开合

快换工具接头定期点检项目 4：吸盘工具吸嘴气密性检查

工作台通电通气后，安装吸盘夹具，再设置 I/O 信号（设置 ToTDigSucker1 为 1，地址为 8；控制吸盘 1 动作，测试吸嘴是否能正常吸取物料，观察真空负压表是否在规定的范围内，再用同样的方法测试吸盘 2（设置 ToTDigSucker2 为 1，地址为 9），如图 2-36～图 2-39 所示。

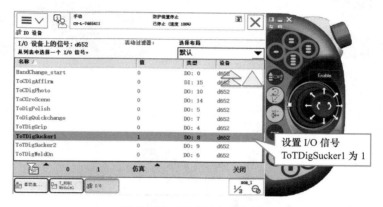

图 2-36　设置吸盘 1 信号

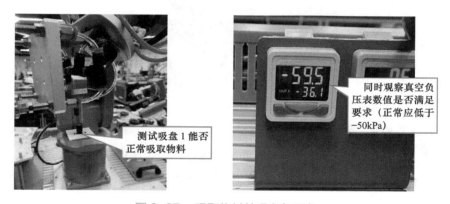

图 2-37　吸取物料并观察负压表

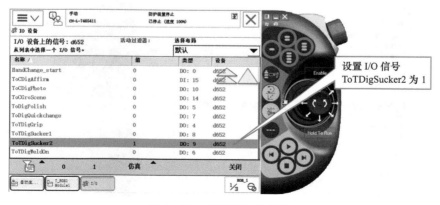

图 2-38　设置吸盘 2 信号

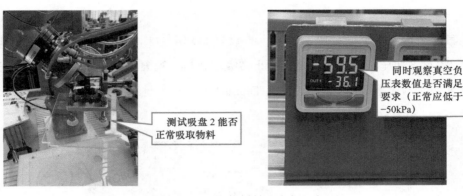

图2-39 吸取物料并观察负压表

快换工具接头定期点检项目5：工具涂料笔能正常涂写

测试工具涂料笔如图2-40所示。

图2-40 测试工具涂料笔

快换工具接头定期点检项目6：打磨工具能正常转动、棉制打磨头无明显损耗

工作台通电后，安装打磨工具，再设置I/O信号（设置ToDigPolish为1，地址为5），控制打磨头动作，测试转动是否正常，并观察打磨头有无明显损耗，如图2-41、图2-42所示。

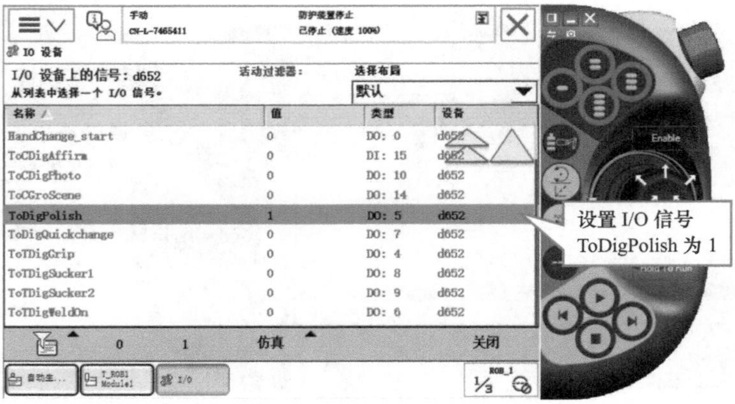

图2-41 设置打磨工具信号

图 2-42　观察转动和损耗

快换工具接头定期点检项目 7：焊接工具焊枪尖端模拟灯是否能正常点亮

工作台通电后，安装焊枪夹具，再设置 I/O 信号（设置 ToTDigWeldOn 为 1，地址为 6），测试点亮是否正常，如图 2-43、图 2-44 所示。

快换工具接头定期点检项目 8：使用润滑剂润滑快换工具接头活动部件

润滑活动部件如图 2-45 所示。

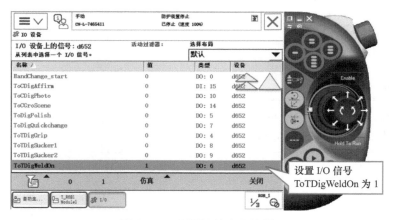

图 2-43　设置焊枪夹具信号

图 2-44　观察焊枪　　　　　　　　　图 2-45　润滑活动部件

学习情况评估表

任务编号	_____

学生姓名		日期	
班级		开始时间	
实训室		结束时间	

A 过程检查（30 分）

编号	任务	分值	自我评价	教师评价
1	列出工业机器人本体、控制柜、快换工具接头日点检表的执行项目有哪些（每错 1 个扣 2 分，扣完为止）	15		
2	列出工业机器人本体、控制柜、快换工具接头定期点检表的执行项目有哪些（每错 1 个扣 2 分，扣完为止）	15		
总分		30		
实际得分				

记录：

B 结果评价（70分）

编号	任务	分值	自我评价	教师评价
1	执行工业机器人本体、控制柜、快换工具接头日点检表（执行缺失 1 个项目扣 5 分，扣完为止）	35		
2	执行工业机器人本体、控制柜、快换工具接头定期点检表（执行缺失 1 个项目扣 5 分，扣完为止）	35		
总分		70		
实际得分				

记录：

过程检查实际得分	结果评价实际得分	总得分

记录：

任务 2-2　空气压缩机与气动系统的预防维护

一、任务描述

在工作站中，空气压缩机与气动系统为整个工作站的运行提供稳定的供气来源，使整个气动系统能配合工作站时刻保证稳定输出，气动系统如果不注重维护保养，就会过早损坏或频繁发生故障，使装置的使用寿命大大降低。在对气动装置进行维护保养时，应针对发现的事故苗头，及时采取措施，这样可减少和防止故障的发生，延长元器件和系统的使用寿命。所以，对其进行预防和维护是不可或缺的，才能保证工作站稳定可靠地运行。

二、任务目标

1）制定空气压缩机与气动系统的维护点检计划。

2）对空气压缩机与气动系统实施预防维护点检计划。

三、相关知识

1. 空气压缩机

空气压缩机简称空压机，是工业现代化的基础产品，它提供气源动力，是气动系统的核心设备机电引气源装置中的主体，它是将原动机（通常是电动机）的机械能转换成气体压力能的装置，是压缩空气的气压发生装置。

本工作站采用的空压机为硅莱的 GA-61A，如图 2-46 所示，其主要特点和参数如下。

图 2-46　空压机

（1）主要特点

1）超静音：空压机工作时声音极低，可满足室内使用的要求，如研究所、实验室、办公室、学生课堂、家庭等环境。

2）超洁净：机器为纯无油设计、无油润滑活塞系统，效率高、损耗小，排出的气体洁净，满足配套设备的需求，保障操作人员的安全。

3）低能耗：压力及产气量比处于黄金比例，在更少能耗的条件下可更快速地产出更多的气源，且机器启停均为自动化设计。

4）核心技术：缸套系统采用纳米涂层技术，摒弃普通低劣的无油材质，更静音、更洁净、寿命更长，可适应更高要求的领域使用。

5）干燥除菌：可根据不同行业的需要选配不同精度要求的过滤器。

6）防锈喷涂：储气罐内部做有喷涂处理，源头上保证气体洁净度及产品使用安全。

7）操作简便：接电即用，自动化设计，工作不需要专人值守；气压可根据使用要求自由调节，不需要繁杂的维护，只需定期排水。

8）时尚实用：硅莱空压机外观设计时尚，性能实用，按规范操作能延长工作寿命。

（2）主要技术参数　见表 2-18。

表 2-18 空压机的主要技术参数

功率 /W	排气量 / (L/min)	压力 /bar[①]	储气罐 /L	噪声 /dB	净质量 /kg
600	118	8	24	52	25

① 1bar = 10^5Pa

2. 气动系统

气动系统是以压缩气体为工作介质，通过各种元件组成不同功能的基本回路，再由若干基本回路有机地组合成整体，进行动力或信号的传递与控制。

在本工作站中，气动系统的主要组成元器件有调压过滤器、电磁阀、气缸、气动工具（吸盘等）。

（1）调压过滤器 主要负责过滤压缩空气中的杂质和控制系统压力。本工作站采用的气源处理元件为 AirTac（亚德客）的调压过滤器（型号 GFR200-08），如图 2-47 所示。其特点和主要参数如下。

图 2-47 调压过滤器

1）特点：

① 以铝合金为主体，耐腐蚀，性能可靠，使用寿命长。

② 金属安装支架，安装简单，方便使用。

③ 可调节气压，通过旋钮调节，方便调试。

④ 平衡式设计压力调节，更稳定，漂移量小，压力特性好。

2）主要参数：见表 2-19。

表 2-19 调压过滤器的主要参数

调压范围 /MPa	0.15 ～ 0.9
最大使用压力 /MPa	1
保证耐压力 /MPa	1.5（217.5psi）
过滤精度 /μm	40
建议用油	润滑油
材质	铝合金
口径 /mm	PT14
质量 /kg	0.22
使用温度 / ℃	−5 ～ 70

（2）电磁阀 电磁阀是用电磁控制的元件设备，是用来控制流体的自动化执行机构，在工业控制系统中用于调整介质的方向、流量、速度和其他的参数。

本工作站采用的电磁阀为 AirTac（亚德客）的 4V110-M5，如图 2-48 所示。其主要参数见表 2-20。

图 2-48 电磁阀

表 2-20　电磁阀的主要参数

工作介质	空气
接管口径	进气 = 出气 =M5
位置数	二位五通
使用压力范围 /MPa	0.15 ～ 0.8（22 ～ 116psi）
保证耐压力 /MPa	1.5（217.5psi）
工作温度 / ℃	−20 ～ 70
材质	铝合金
润滑	不需要
最高动作频率 /（次 /s）	5
质量 /g	120

（3）气缸　引导活塞在缸内进行直线往复运动的机构。本工作站采用了两种气缸，一种是 AirTac（亚德客）的 RMS16×200 无杆气缸，如图 2-49 所示。其主要特点和参数如下。

图 2-49　无杆气缸

1）主要特点：

① 磁耦合式无杆气缸，活塞与滑块之间无机械连接，密封性能优异。

② 活塞的动作通过磁耦合力传递到外部滑块，不需要活塞杆，安装空间比普通气缸少，最大行程比普通气缸大。

③ 气缸两端带有可调缓冲及固定缓冲装置，换向动作平稳无冲击，同时避免机械损伤。

④ 活塞腔与滑块隔开，防止灰尘与污物进入系统，延长了气缸的使用寿命。

2）主要参数：见表 2-21。

表 2-21　无杆气缸的主要参数

缸径 /mm	16
动作形式	复动型
工作介质	空气
使用压力范围 /MPa	0.15 ～ 0.7（22 ～ 102psi，1.5 ～ 7bar）
保证耐压力 /MPa	1.2（174psi）（12bar）
使用温度范围 / ℃	−20 ～ 70
使用速度范围 /（mm/s）	50 ～ 400
缓动形式	可调式缓动 + 固定缓动
行程公差范围 /mm	0 ～ 250：+1.0；251 ～ 1000：+1.4；≥ 1001：+1.8
接管口径 /mm	M5×0.8
安全保持力 /N	140

本工作站采用的另一种气缸为 AirTac（亚德客）的
TCM16×20S 三轴气缸，如图 2-50 所示，其主要特点和
参数如下。

1）主要特点：

① 执行 JIS 标准。

② 用两根专用轴承钢制作导杆，用直线轴承导向，
具有高的抗扭转及抗侧向载荷能力，适用于气缸做推举

图 2-50　三轴气缸

动作，或要求高精度和高承载能力的场合，特别适用于低摩擦运动的场合。

③ 驱动单元与导向单元设计在同一本体内，不需要额外的附件，满足最小的空间需求，
且进气接口可选择，安装更方便。

④ 本体底面、本体后端面及固定板上均各有两个精确的定位孔，可对高精度需求的场
合提供更高精度的定位安装。

⑤ 本体上 4 个传感器沟槽，可提供传感器多种安装方式。

⑥ 本体的特别设计，提供多方位的安装固定形式。

2）主要参数：见表 2-22。

表 2-22　三轴气缸的主要参数

缸径 /mm	16
动作形式	复动型
工作介质	空气
使用压力范围 /MPa	0.15 ～ 1.0（22 ～ 145psi）
保证耐压力 /MPa	1.5（217.5psi）
使用温度范围 / ℃	−20 ～ 70
使用速度范围 /（mm/s）	30 ～ 500
缓动形式	防撞垫
行程公差范围 /mm	≤ 100：+1.0； > 100：+1.5
接管口径 /mm	M5×0.8

（4）吸盘　执行工具，通过气压差来吸附或者放置物品。

四、任务实操与评价

1. 制定点检计划

针对空压机与气动系统制定日点检表及定期点检表，具体见表 2-23 和表 2-24。

表 2-23　空压机与气动系统日点检表

类别	编号	检查项目	要求标准	方法	1	2	3	4	5	6	7	8	9	10	11	12	13	14	15	16	17	18	19	20	21	22	23	24	25	26	27	28	29	30	31
日点检	1	空压机与气动系统清洁，四周无杂物	无灰尘异物	擦拭																															
	2	检查空压机有无异常声响和泄漏	功能正常	听、看																															
	3	检查空压机仪表读数是否正确	显示正常	看																															
	4	气缸活塞杆是否划伤、变形	无划伤变形	看																															
	5	气缸动作时有无异常声音	无异响	听																															
	6	电磁阀外壳温度是否过高	显示正常	测试																															
	7	电磁阀动作时，工作是否正常	功能正常	测试																															
	8	电磁阀电线有无损坏，阀体有无开裂	显示正常	看																															
	9	调压阀压力表读数是否在规定范围内	显示正常	看																															
	10	调压阀有无漏气	显示正常	测试																															
	11	调压过滤器储水杯中是否积存冷凝水	显示正常	看																															
	12	吸盘吸嘴气密性是否正常	显示正常	看、测试																															
		确认人签字																																		
备注	日点检要求每日开工前进行。设备点检、维护正常画"√"；使用异常画"△"；设备未运行画"/"。																																			

_____年_____月

表 2-24 空压机与气动系统定期点检表

___年

类别	编号	检查项目	1	2	3	4	5	6	7	8	9	10	11	12
定期点检	1	空压机及周边灰尘清理												
	2	检查空压机内是否有锈蚀、松动之处												
	3	排放空压机冷凝水												
	4	气缸活塞杆与端面之间是否漏气												
	5	电磁阀紧固螺钉和接头是否松动												
	6	电磁阀润滑是否正常												
	7	调压阀阀盖或锁紧螺母是否锁紧												
	8	调压过滤器滤芯是否应该清洗或更换												
		确认人签名												
每 6 个月	9	检查空压机软管有无老化、破裂现象												
		确认人签名												
备注		"定期"意味着要定期执行相关活动，但实际的间隔可以不遵守制造商的规定。此间隔取决于工作站操作周期、工作环境和运行模式。通常来说，环境污染越严重，运行模式越苛刻，检查间隔越短。设备运行画"√"；使用异常画"△"；设备未运行画"○"；维护正常画"√"。												

2. 点检项目维护实施

空压机与气动系统日点检项目 1：空压机四周无杂物

在空压机与气动系统的周边要保留足够的空间与位置，以便于操作与维护，如图 2-51 所示。

空压机与气动系统日点检项目 2：检查空压机有无异常声响和泄漏

1）听：倾听和感觉周围的泄漏空气，是否有嘶嘶的气体泄露的声音。

2）看：观察气压表是否读数异常。

3）测：可以使用画笔，将肥皂水涂在怀疑有泄漏的地方。如果有泄漏，会形成肥皂泡。

4）检查：检查气管接头螺钉是否拧紧。

如图 2-52 所示。

清扫杂物，保持空压机四周干净整洁

图 2-51　清扫杂物

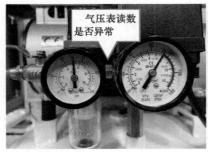

气压表读数是否异常

可以使用扳手拧紧连接处

图 2-52　检查气压值并拧紧连接处

空压机与气动系统日点检项目 3：检查空压机仪表读数是否正确

空压机操作时，正常运转后，应经常注意仪表读数，并随时予以调整。正常空压机气压值到达 0.8MPa 左右会自动停下，工作站使用时气压值在 0.5 ～ 0.8MPa 均可正常使用，若气压过低应起动空压机进行工作，如图 2-53 所示。

检查仪表指针读数。气压值应在 0.5 ～ 0.8MPa 之间

图 2-53　检查气压值

空压机与气动系统日点检项目 4：气缸活塞杆是否划伤、变形

目视检查，观察气缸活塞杆是否划伤、变形，如果有，需要及时更换，如图 2-54、图 2-55 所示。

空压机与气动系统日点检项目 5：气缸动作时有无异常声音

气缸动作时，倾听有无除正常活塞动作声音之外的其他异响。打开气源，在触摸屏上单击升降气缸和推动气缸，对气缸进行伸缩控制，听声音判断有无异响，如图 2-56 所示。

图 2-54 检查三轴气缸活塞杆

图 2-55 检查无杆气缸活塞杆

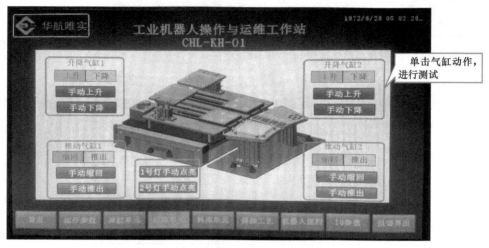

图 2-56 测试气缸动作

空压机与气动系统日点检项目 6：电磁阀外壳温度是否过高

在运行过程中，使用测温仪测量电磁阀表面温度，保证温度在 –20 ～ 70℃范围内，如图 2-57 所示。

空压机与气动系统日点检项目 7：电磁阀动作时，工作是否正常

一般正常的情况下，电磁阀的动作速度很快，触发时可以听见哒的声音，可以手动触发按钮，观察动作是否正常，如图 2-58 所示。

图 2-57 测量电磁阀表面温度

图 2-58 手动触发电磁阀动作

空压机与气动系统日点检项目 8：电磁阀电线有无损坏，阀体有无开裂

目视检查，首先可以看线圈的外部有没有起包或者裂开，然后看接线有没有出现破损的情况；接着观察阀体有没有开裂，因为有些阀体在低温或者高温的情况下是很容易老化的，如图 2-59 所示。

检查电磁阀电线有无损坏，阀体有无开裂

图 2-59　检查电磁阀电线及阀体

空压机与气动系统日点检项目 9：调压过滤阀压力表读数是否在规定范围内

调压过滤阀的可调节范围在 0.15 ～ 0.9MPa，本工作站使用时调节在 0.5MPa 左右即可，如果过低或者过高，可以使用上方的旋钮进行调节（先拉起旋钮再进行旋转），如图 2-60、图 2-61 所示。

检查读数是否正常

图 2-60　检查调压过滤阀压力读数

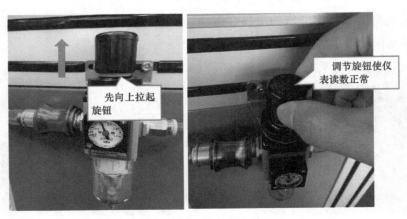

先向上拉起旋钮

调节旋钮使仪表读数正常

图 2-61　调节气压值

空压机与气动系统日点检项目 10：调压过滤阀有无漏气

1）听：倾听和感觉周围的泄漏空气，是否有嘶嘶的气体泄露的声音。

2）看：观察气压表是否读数异常。

3）测：可以使用画笔，将肥皂水涂在怀疑有泄漏的地方。如果有泄漏，会形成肥皂泡。

4）检查：检查气管接头螺钉是否拧紧。

如图 2-62 所示。

图 2-62　检查气压值并拧紧接口处

空压机与气动系统日点检项目 11：调压过滤器储水杯中是否积存冷凝水

本工作站中使用的调压过滤器排水方式为差压排水，当机器停止工作就会排水，也可以手动排水。每次维护时，需留意水杯是否排干净冷凝水，如图 2-63 所示。手动排水需机器停止工作后进行，如图 2-64 所示。

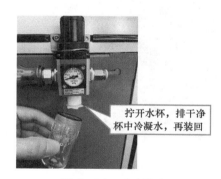

图 2-63　检查冷凝水　　　　　　　　图 2-64　手动排水

空压机与气动系统日点检项目 12：吸盘吸嘴气密性是否正常

参考任务 2-1 中快换工具接头日检查项目：吸盘工具吸嘴气密性检查。

空压机与气动系统定期点检项目 1：空压机及周边灰尘清理（每 1 个月）

一般先使用手持吸尘器对空压机进行去尘，再使用纯棉干净的毛巾进行擦拭，如图 2-65 所示。

空压机与气动系统定期点检项目 2：检查空压机内是否有锈蚀、松动之处（每 1 个月）

先目视检查，如有锈蚀则除锈上油或涂漆（图 2-66），然后使用扳手和螺钉旋具在松动处紧固。

图 2-65　吸尘并擦拭　　　　　　　　　　图 2-66　除锈润滑

空压机与气动系统定期点检项目 3：排放空压机冷凝水（每 1 个月）

空压机冷凝水排放有两种方式：

方法 1：在空压机气腔内有压力的情况下，按下空压机的排污阀进行排水（气管外注意提前用容器接住排出的冷凝水），如图 2-67 所示。

方法 2：

步骤 1：使空压机停机，等到油气分离罐内无压力后充分冷却。

步骤 2：拧出油气分离罐底部的球阀前螺堵。

步骤 3：迟缓翻开放油阀，排出冷凝水，看到有机油流出时迅速封闭阀门。

步骤 4：拧上球阀前螺堵。

如图 2-68 所示。

图 2-67　排放空压机冷凝水 1　　　　　　图 2-68　排放空压机冷凝水 2

空压机与气动系统定期点检项目 4：气缸活塞杆与端面之间是否漏气（每 1 个月）

气缸泄露的主要原因是阀内或缸内的密封不良、气压不足等所致。密封阀的泄露较大时，可能是阀芯、阀套磨损所致。

1）听：倾听和感觉周围的泄漏空气，是否有嘶嘶的气体泄露的声音。

2）测：可以使用画笔，将肥皂水涂在怀疑有泄漏的地方。如果有泄漏，会形成肥皂泡。

3）检查：检查接头螺钉是否拧紧、磨损。

如为阀芯、阀套磨损所致，需要及时更换。

漏气检查并拧紧连接处如图 2-69 所示。

空压机与气动系统定期点检项目 5：电磁阀紧固螺钉和接头是否松动（每 1 个月）

检查是否松动，使用螺钉旋具和扳手定期紧固螺钉和接头，如图 2-70、图 2-71 所示。

图 2-69 漏气检查并拧紧连接处

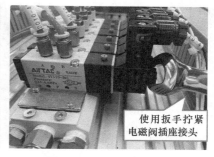

图 2-70 检查紧固螺钉和接头　　　　　图 2-71 拧紧插座接头

空压机与气动系统定期点检项目 6：电磁阀润滑是否正常（每 1 个月）

使用润滑剂润滑如图 2-72 所示。

空压机与气动系统定期点检项目 7：调压阀阀盖或锁紧螺母是否锁紧（每 1 个月）

具体操作如图 2-73、图 2-74 所示。

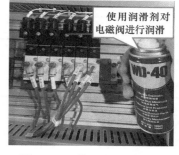

图 2-72 使用润滑剂润滑

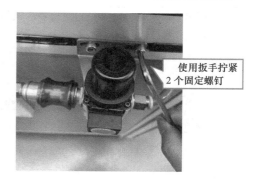

图 2-73 阀盖松开与拧紧　　　　　　　图 2-74 拧紧固定螺钉

空压机与气动系统定期点检项目 8：调压过滤器滤芯是否应该清洗或更换（每 1 个月）

1）停止调压过滤器运转，使调压过滤器的内压变为大气压。

2）打开水杯盖。

3）松开螺钉，取出滤芯。

4）确认零件有无损坏，如有损坏，需要进行更换。

检查滤芯如图 2-75 所示。

空压机与气动系统定期点检项目 9：检查空压机软管有无老化、破裂现象（每 6 个月）

目视检查，不用工具。检查空压机软管是否有破损，如有破损需要及时更换部件，如图 2-76 所示。

1. 取下水杯

2. 松开螺钉，取出滤芯观察

检查空压机软管是否有破损

图 2-75　检查滤芯　　　　　　　　　　　图 2-76　检查空压机软管

学习情况评估表

任务编号 _____

学生姓名		日期	
班级		开始时间	
实训室		结束时间	

A 过程检查（30 分）

编号	任务	分值	自我评价	教师评价
1	列出空压机与气动系统日点检表的执行项目有哪些（每错 1 个扣 2 分，扣完为止）	15		
2	列出执行空压机与气动系统定期点检表的执行项目有哪些（每错 1 个扣 2 分，扣完为止）	15		
	总分	30		
	实际得分			

记录：

B 结果评价（70 分）

编号	任务	分值	自我评价	教师评价
1	执行空压机与气动系统日点检表（执行缺失 1 个项目扣 3 分，扣完为止）	35		
2	执行空压机与气动系统定期点检表（执行缺失 1 个项目扣 4 分，扣完为止）	35		
	总分		70	
	实际得分			

记录：

过程检查实际得分	结果评价实际得分	总得分

记录：

任务 2-3 电控柜的预防维护

一、任务描述

在工作站中，电气控制相关的元器件如微型断路器、熔断器、开关电源和接线端子都会集中安装在一个电控柜中。电控柜是整个工作站的中枢，里面的电气器件比较娇贵，而且对灰尘与潮湿的环境非常敏感，一旦缺乏维护保养，就很可能出现故障，在生产的关键时刻掉链子。所以，在日常的工作中一定要经常进行定期预防性维护和保养，从而保证工作站稳定可靠地运行。

二、任务目标

1) 制定电控柜的维护点检计划。

2) 对电控柜实施预防维护点检计划。

三、相关知识

1. 微型断路器

微型断路器（Micro Circuit Breaker/ Miniature Circuit Breaker，MCB）是生产线工作站设备中配电使用最广泛的一种终端保护电器，用于125A以下单相、三相的短路，过载，过电压等保护，包括单极1P、二极2P、三极3P、四极4P等四种。

在国民生产生活用电需求不断加大，社会对供电安全性、可靠性提出较高要求的情况下，需要优化配网运行效果。而这一目标的实现，需要将微型断路器科学、合理地安装于配电线路上，切实有效地保护线路及电器设备，避免超负荷运行的发生。

图2-77为施耐德微型断路器IC65N系列。

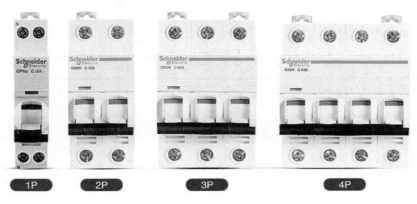

图2-77　施耐德微型断路器IC65N系列

微型断路器由操作机构、触点、保护装置（各种脱扣器）、灭弧系统等组成。其主触点是靠手动操作的。主触点闭合后，自由脱扣机构将主触点锁在合闸位置上。过电流脱扣器的线圈和热脱扣器的热元件与主电路串联，欠电压脱扣器的线圈和电源并联。当电路发生短路或严重过载时，过电流脱扣器的衔铁吸合，使自由脱扣机构动作，主触点断开主电路。当电路过载时，热脱扣器的热元件发热使双金属片上弯曲，推动自由脱扣机构动作。当电路欠电压时，欠电压脱扣器的衔铁释放，也使自由脱扣机构动作。

在选用微型断路器时，应考虑以下条件：

1) 断路器的额定电压不应小于线路额定电压。

2) 断路器额定电流与过电流脱扣器的额定电流不小于线路的计算电流。

3) 断路器的额定短路分断能力不小于线路中最大短路电流。

4) 断路器欠电压脱扣器额定电压等于线路额定电压。

5）当用于电动机保护时，选择断路器需考虑电动机的起动电流并使之在起动时间内不动作。

6）断路器选择还应考虑断路器与断路器、断路器与熔断器的选择性配合。

本工作站使用的微型断路器具体参数见表 2-25。

表 2-25　微型断路器具体参数

参数	说明			
型号	IC65N C6A	IC65N 10A	IC65N C16A	IC65N C25A
额定电流 /A	6	10	16	25
极数	2P			
脱扣曲线	C 形曲线（配电保护）			
防护等级	IP20			

2. 熔断器

熔断器是指当电流超过规定值时，以本身产生的热量使熔体熔断，断开电路的一种电器。熔断器广泛应用于高低压配电系统和控制系统，以及用电设备中，作为短路和过电流的保护器，是应用最普遍的保护器件之一。

图 2-78 是本工作站中使用的熔断器和熔体，具体参数见表 2-26。

图 2-78　熔断器和熔体

表 2-26　熔断器和熔体具体参数

熔断器底座		熔体	
型号	RT18-32X	额定分断能力 /kA	100
极数	1P	额定电流 /A	2 ～ 6
额定分断能力 /kA	100	功率因数	0.1 ～ 0.2
安装方式	导轨安装	灭弧介质	石英砂

熔断器熔体的额定电流不等于熔断器额定电流。熔体额定电流按被保护设备的负荷电流选择，熔断器额定电流应大于熔体额定电流，与主电器配合确定。

熔断器主要由熔体、外壳和支座 3 部分组成，其中熔体是控制熔断特性的关键元件。熔体的材料、尺寸和形状决定了熔断特性。熔体材料分为低熔点和高熔点两类。低熔点材料如铅和铅合金，其熔点低，容易熔断，由于其电阻率较大，故制成熔体的截面尺寸较大，熔断时产生的金属蒸气较多，只适用于低分断能力的熔断器。高熔点材料如铜、银，其熔点高，不容易熔断，但由于其电阻率较低，可制成比低熔点熔体较小的截面尺寸，熔断时产生的金属蒸气少，适用于高分断能力的熔断器。熔体的形状分为丝状和带状两种。改变变截面的形状可显著改变熔断器的熔断特性。熔断器有各种不同的熔断特性曲线，可以适用于不同类型保护对象的需要。

熔断器和断路器都有保护电气线路的作用，那么它们之间有什么区别呢？熔断器的原理是利用电流流经导体会使导体发热，达到导体的熔点后导体融化而断开电路，从而保护用电器和线路不被烧坏。它是热量的一个累积，所以也可以实现过载保护。一旦熔体烧毁就要更换熔体。断路器是通过电流的磁效应（电磁脱扣器）来实现断路保护，通过电流的热效应实现过载保护（不是熔断，一般不用更换器件）。具体到实际中，当电路中的用电负荷长时间接近于所用熔断器的负荷时，熔断器会逐渐加热，直至熔断。熔断器的熔断是电流和时间共同作用的结果起到对线路进行保护的作用，它是一次性的；而断路器是电路中的电流突然加大，超过断路器的负荷时，会自动断开，它是对电路一个瞬间电流加大的保护，例如当漏电很大或短路或瞬间电流很大时的保护。当查明原因，可以合闸继续使用。

3. 开关模式电源

开关模式电源（Switch Mode Power Supply，SMPS）又称开关电源，是一种将高频化电能转为用户端所需求的电压或电流。开关电源的输入多半是交流 220V 电源（例如市电）或直流电源，而输出多半是需要直流电源的设备，例如 PLC、工业相机、传感器等。

图 2-79 为本工作站使用的开关电源。

图 2-79　本工作站使用的开关电源

开关电源是利用切换晶体管在全开模式（饱和区）和全闭模式（截止区）之间切换，这两个模式都有低耗散的特点，切换之间的转换会有较高的耗散，但时间很短，因此比较节省能源，产生废热较少。理想上，开关电源本身是不会消耗电能的。电压稳压是通过调整晶体管导通及断路的时间来达到。开关电源的高转换效率是其一大优点，而且因为开关电源工作频率高，可以使用尺寸小、质量小的变压器，因此开关电源具有尺寸小、质量比较轻的优点。

开关电源的发展方向是高频化。高频化使开关电源小型化，并使开关电源进入更广泛的应用领域，特别是在高新技术领域的应用，推动了开关电源的发展，每年以超过两位数字的增长率向着轻、小、薄、低噪声、高可靠、抗干扰的方向发展。开关电源可分为 AC/DC 和 DC/DC 两大类。DC/DC 变换器已实现模块化，且设计技术及生产工艺在国内外均已成熟和标准化，并已得到用户的认可，但 AC/DC 的模块化，因其自身的特性使其在模块化的进程中，遇到较为复杂的技术和工艺制造问题。另外，开关电源的发展与应用在节约能源、节约资源及保护环境方面都具有重要的意义。

本工作站中使用的开关电源具体参数见表 2-27。

表 2-27　开关电源具体参数

参数	说明	
型号	LRS-350-24	LRS-50-3.3
输出电压 /V	DC 24	DC 3.3
额定电流 /A	14.6	10
额定功率 /W	350	33
输入电压 /V	AC 180～264	AC 85～264

4. 中间继电器

中间继电器在自动控制系统中用于增加触点的数量及容量，还被用于在控制电路中传递中间信号。中间继电器的结构和原理与交流接触器基本相同，与接触器的主要区别在于，接触器的主触头可以通过大电流，而中间继电器的触头只能通过小电流，所以它只能用于控制电路中，它一般没有主触点。因为中间继电器的过载能力比较小，所以它用的全部都是辅助触头，数量比较多。中间继电器一般是使用直流电源供电，少数使用交流电源供电。

中间继电器是由固定铁心、动铁心、弹簧、动触点、静触点、线圈、接线端子和外壳组成。线圈通电，动铁心在电磁力作用下动作吸合，带动动触点动作，使常闭触点分开，常开触点闭合；线圈断电，动铁心在复位弹簧的作用下带动动触点复位，如图 2-80 所示。

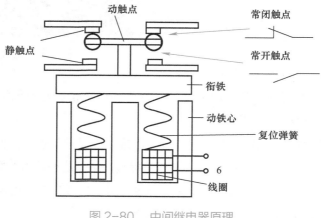

图 2-80　中间继电器原理

本工作站中使用的是电磁型中间继电器。电磁型中间继电器是传统的老式继电器，只要在线圈两端加上一定的电压，线圈中就会流过一定的电流，从而产生电磁效应，衔铁就会在电磁力吸引的作用下克服返回弹簧的拉力吸向铁心，从而带动衔铁的动触点与静触点吸合。当线圈断电后，电磁的吸力也随之消失，衔铁会在弹簧的反作用力下返回原来的位置，使动触点与原来的静触点释放。这样吸合、释放，从而达到在电路中的导通、切断的目的。

本工作站使用的是 IDEC 的中间继电器 RJ2S-CL-D24，如图 2-81 所示，具体参数见表 2-28。

表 2-28　中间继电器具体参数

参数	说明
额定电压 /V	DC 24
触点允许电流 /A	8
触点	2NC 2NO

图 2-81　电磁型中间继电器

5. 接线端子

接线端子是为了方便导线的连接而应用的，它其实就是一段封在绝缘塑料里的金属片，两端都有孔，可以插入导线，有螺钉用于紧固或者松开。比如两根导线，有时需要连接，有时又需要断开，这时就可以用端子把它们连接起来，并且可以随时断开，而不必把它们焊接起来或者缠绕在一起，很方便快捷，而且适合大量的导线互联。在电力行业就有专门的端子排、端子箱，上面全是接线端子，如单层的、双层的、电流的、电压的、普通的、可断的等。一定的压接面积是为了保证可靠接触，以及保证能通过足够的电流。

接线端子可以分为 欧式接线端子系列、插拔式接线端子系列、变压器接线端子、建筑物布线端子、栅栏式接线端子系列、弹簧式接线端子系列、轨道式接线端子系列、穿墙式接线端子系列、光电耦合型接线端子系列。图 2-82 所示为接线端子排。

图 2-82　接线端子排

使用接线端子排时，应注意以下事项：

1）紧固接线用力要适中，防止用力过大将螺栓螺母滑扣。发现已滑扣的螺栓、螺母应及时更换，严禁将就作业。

2）用螺钉旋具紧固或松动螺钉时，必须用力用螺钉旋具顶紧螺钉，然后再进行紧固或松动，防止螺钉旋具与螺钉打滑，造成螺钉损伤不易拆装，尤其是挂箱内的常用空气开关螺钉。

3）发现难以拆卸的螺栓、螺母，不要鲁莽行事，防止造成变形更难拆卸，应给予适当敲打，或加螺钉松动剂、稀盐酸等稍后再进行拆卸。

4）同一接线端子最多允许接两根相同类型及规格的导线。

5）易松动或易接触不良的接线端子，导线接头必须以"？"形紧固在接线端子上，增加接触面积及防止松动。

6）导线接头或接线鼻子互相连接时，中间严禁加装非铜制或导电性能不好的垫片。

7）导线接头连接时，要求接触面光滑且无氧化现象。接线鼻子或铜排相接时，可在接触表面清理干净后涂抹导电膏，然后再进行紧固。

四、任务实操与评价

1. 制定点检计划

针对电控柜中的电气元器件作制定日点检表及定期点检表，具体见表 2-29 和表 2-30。

表 2-29　工作站电控柜日点检表

类别	编号	检查项目	要求标准	方法	1	2	3	4	5	6	7	8	9	10	11	12	13	14	15	16	17	18	19	20	21	22	23	24	25	26	27	28	29	30	31
日点检	1	电控柜内部无杂物	无灰尘异物	清扫																															
	2	开关电源指示灯状态确认	绿色常亮	看																															
	3	开关电源散热风扇	运行正常	看																															
	4	电线连接情况	无裸露松脱	看																															
	5	接线端子连接情况	无烧灼	看																															
		确认人签名																																
备注	日点检要求每日开工前进行。设备点检、维护正常画"√"；使用异常画"▲"；设备未运行画"/"。																																		

表 2-30　工作站电控柜定期点检表

类别	编号	检查项目	1	2	3	4	5	6	7	8	9	10	11	12
定期点检	1	清扫电控柜灰尘												
		确认人签名												
每 6 个月	2	微型断路器开关测试												
	3	熔断器与熔体检查												
		确认人签名												
每 12 个月	4	接线端子检查												
	5	开关电源的电压检查												
		确认人签名												
备注	"定期"意味着要定期执行相关活动，但实际的间隔可以不遵守制造商的规定。此间隔取决于工作站操作周期、工作环境和运行模式。通常来说，环境污染越严重，运行模式越苛刻（电缆线束弯曲越厉害），检查间隔越短。 设备点检、维护正常画"√"；使用异常画"△"；设备未运行画"/"。													

2. 日点检项目维护实施

日点检项目 1：电控柜内部无杂物

在电控柜内的电气元器件要保留足够的空间与位置，以便于操作与维护，并且将无关的杂物及时清理干净，如图 2-83、图 2-84 所示。

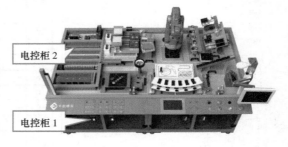

图 2-83　电控柜

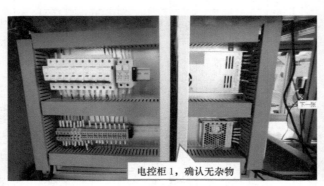

图 2-84　确认无杂物

日点检项目 2：开关电源指示灯状态确认

在开关电源的电路板上，都会有一个状态指示灯，通过不同的颜色指示开关电源所处的状态，见表 2-31。

表 2-31 开关电源指示灯状态

指示灯	状态
绿色	正常
不亮	无输入或内部故障

开关电源的指示灯状态确认如图 2-85、图 2-86 所示。

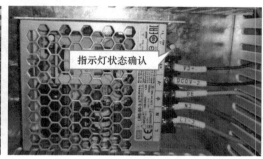

图 2-85 开关电源指示灯状态确认 1　　　图 2-86 开关电源指示灯状态确认 2

日点检项目 3：开关电源散热风扇

为了能可靠地运行，功率较大的开关电源都会配备散热风扇，以保证开关电源内部电子元器件的稳定工作，如图 2-87 所示。

日点检项目 4：电线连接情况

检查电控柜中是否有电线松脱或裸露，如有此种情况应马上关闭总电源，通知有电工上岗证的电工进行处理，如图 2-88、图 2-89 所示。

图 2-87 散热风扇状态确认

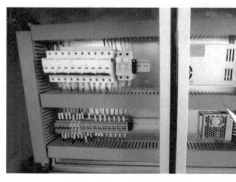

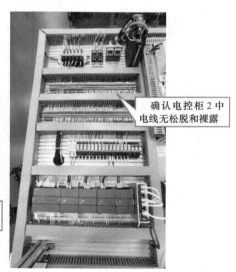

图 2-88 检查电控柜 1 电线连接情况　　　图 2-89 检查电控柜 2 电线连接情况

日点检项目 5：接线端子连接情况

检查电控柜中所有元器件接线端子是否有过电压、过电流引起的烧灼痕迹。如有此种情况应马上关闭总电源，通知有电工上岗证的电工进行处理。接线端子过电流、过电压烧灼不及时处理的后果如图 2-90 所示。

图 2-90　接线端子过电流、过电压烧灼不及时处理的后果

3．定期点检项目维护实施

定期点检项目 1：清扫电控柜灰尘（每 1 个月）

为了保持一个良好的运行环境，电控柜最起码要求每 1 个月清扫灰尘一次。一般使用小扫把和吸尘器进行处理，如图 2-91、图 2-92 所示。

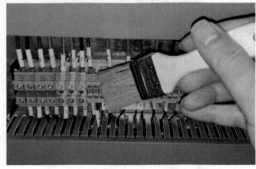

图 2-91　电控柜清扫

定期点检项目 2：微型断路器开关测试（每 6 个月）

在开始作业之前，请关闭工作站的主电源。手动对微型断路器进行开关测试，开关的操作应流畅无卡阻，如图 2-93 所示。

图 2-92　电控柜吸尘

图 2-93　手动开关测试

定期点检项目 3：熔断器与熔体检查（每 6 个月）

在开始作业之前，请关闭工作站的主电源。从熔断器座中取出熔体进行检查，看有无破损和烧灼痕迹，如图 2-94 所示。

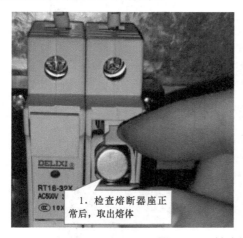

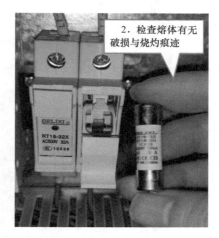

图 2-94　检查熔断器与熔体

定期点检项目 4：接线端子检查（每 12 个月）

在开始作业之前，请关闭工作站的主电源。用合适尺寸的旋具对接线端子进行紧固（图 2-95），检查外观正常，无烧灼痕迹。

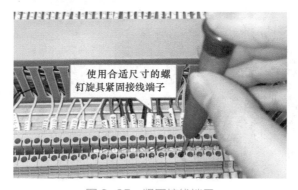

图 2-95　紧固接线端子

定期点检项目 5：开关电源的电压检查（每 12 个月）

本工作站中有两个开关电源，输入电压都是 AC 220V，允许偏差为 ±5%；输出电压一个为 DC 24V，另一个为 DC 3.3V。

开关电源 1 电压检查的具体操作步骤如图 2-96 所示。

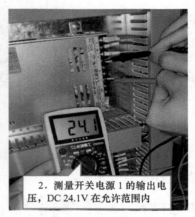

1. 测量开关电源 1 的输入电压，AC 231V 在允许范围内

2. 测量开关电源 1 的输出电压，DC 24.1V 在允许范围内

图 2-96　开关电源 1 电压检查

开关电源 2 电压检查的具体操作步骤如图 2-97、图 2-98 所示。

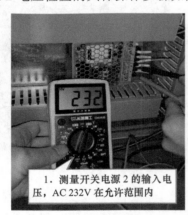

1. 测量开关电源 2 的输入电压，AC 232V 在允许范围内

2. 测量开关电源 2 的输出电压，DC 3.2V 在允许范围内偏低

图 2-97　开关电源 2 电压检查

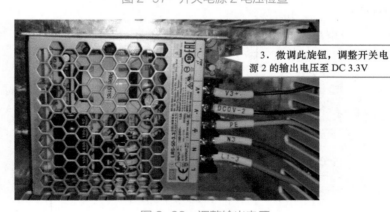

3. 微调此旋钮，调整开关电源 2 的输出电压至 DC 3.3V

图 2-98　调整输出电压

学习情况评估表

任务编号 _____

学生姓名		日期	
班级		开始时间	
实训室		结束时间	

A 过程检查（30 分）

编号	任务	分值	自我评价	教师评价
1	列出执行工作站电控柜日点检表的执行项目有哪些（每错1 个扣 3 分，扣完为止）	15		
2	列出执行工作站电控柜定期点检表的执行项目有哪些（每错 1 个扣 3 分，扣完为止）	15		

总分	30
实际得分	

记录：

结果评价（**70** 分）

编号	任务	分值	自我评价	教师评价
1	执行工作站电控柜日点检表（执行缺失 1 个项目扣 7 分，扣完为止）	35		
2	执行工作站电控柜定期点检表（执行缺失 1 个项目扣 7 分，扣完为止）	35		
	总分	70		
	实际得分			

记录：

过程检查实际得分	结果评价实际得分	总得分

记录：

任务 2-4 PLC 与人机界面的预防维护

一、任务描述

在工作站中，PLC 作为所有控制的核心设备，人机界面作为人机交互的主要设备，我们却经常忽视对它们进行定期预防性的维护和保养。这样的高精密器件，一旦缺乏维护、保养，就很可能出现故障，在生产的关键时刻掉链子。所以，在日常的工作中，我们一定要经常对 PLC 与人机界面进行定期预防性维护和保养，从而保证工作站稳定可靠地运行。

二、任务目标

1）制定 PLC 和人机界面的维护点检计划。

2）对 PLC 和人机界面实施预防维护点检计划。

三、相关知识

1. PLC

PLC 是一种数字运算操作的电子系统，专为在工业环境中应用而设计的。它采用一类可编程的存储器，用于其内部存储程序，执行逻辑运算、顺序控制、定时、计数与算术操作等面向用户的指令，并通过数字或模拟式输入 / 输出控制各种类型的机械或生产过程。PLC 及其有关外部设备，都按易于与工业控制系统联成一个整体，易于扩充其功能的原则设计。

PLC 具有以下的特点：

1）编程方便，现场可修改程序。

2）维修方便，采用模块化结构。

3）可靠性高于继电器控制设备。

4）体积小于继电器控制设备。

5）数据可直接送入计算机。

6）成本可与继电器控制设备竞争。

7）能直接驱动电磁阀、接触器等。

8）在扩展时，原系统只需很小的变更。

9）用户程序存储器容量能扩展。

假设在一个设备中有电动机和按钮。我们希望按下按钮时电动机开启，等再次按下按钮时，电动机关闭。这个功能类似于电视遥控器上按钮的功能。要做到这一点，我们必须先编写一个程序在计算机上执行此操作，然后将其下载到 PLC，接着连接按钮到 PLC 输入、电动机到输出。这时，如果按下按钮，电信号将被发送到 PLC，PLC 输入经过逻辑处理后，输出控制电动机的开启与关闭。

本工作站使用的 PLC 是西门子 S7 1200 系列，包括 CPU 模块、数字量输入输出模块、数字量安全输入模块三个模块。

1）CPU 模块：CPU 1214 FC DC/DC/DC 模块如图 2-99 所示，主要参数见表 2-32。

表 2-32　CPU 1214 FC DC/DC/DC 模块主要参数

主要参数	说明
用户存储器	故障安全型 125 KB/4MB 装载存储器
板载数字 I/O	14 点输入 /10 点输出
板载模拟 I/O	2 路输入
过程映像大小	1024B 输入（I）/1024B 输出（Q）
通信连接数	1）12 个用于 HMI 2）8 个用于客户端 GET/PUT（CPU 间 S7 通信） 3）4 个用于编程设备 4）8 个用于用户程序中的开放式用户通信指令 5）30 个用于 Web 浏览器 6）6 个动态资源
电源电压	DC　20.4 ～ 28.8V
功耗	12W

图 2-99　CPU 1214 FC DC/DC/DC 模块

2）数字量输入输出模块：SM 1223 DC/DC 模块如图 2-100 所示，主要参数见表 2-33。

表 2-33　SM 1223 DC/DC 模块主要参数

主要参数	说明
功耗 /W	4.5
输入点数	16
输入额定电压 /V	4mA 时，DC 24，额定值
输出点数	16
输出电压范围 /V	DC 20.4 ～ 28.8

图 2-100　SM 1223 DC/DC 模块

3）数字量安全输入模块：SM 1226 F-DI DC 模块如图 2-101 所示，主要参数见表 2-34。

表 2-34　SM 1226 F-DI DC 模块主要参数

主要参数	说明
功耗 /W	7
输入点数	16 1oo1 单通道，8 1oo2 双通道
电源电压范围 /V	DC 20.4 ～ 28.8
Tcycle_i：内部循环时间 /ms	8

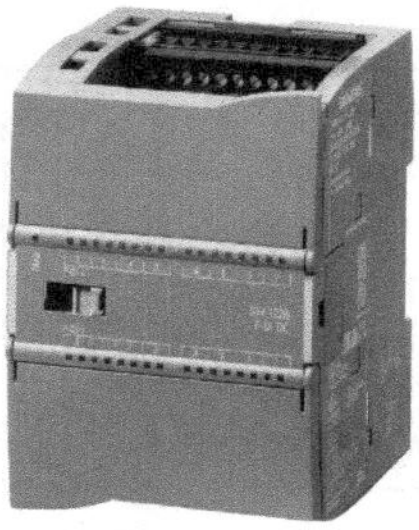

图 2-101　SM 1226 F-DI DC 模块

2．人机界面

人机界面（Human Machine Interface，HMI），也叫人机接口，是操作员与工作站交互和信息交换的媒介。

人机界面与人们常说的"触摸屏"有什么区别？从严格意义上来说，两者是有本质上的区别的。因为"触摸屏"仅是人机界面产品中可能用到的硬件部分，是一种替代鼠标及键盘部分的功能，安装在显示屏前端的输入设备；而人机界面则是一种包含硬件和软件的人机交互设备。在工业中，人们常把具有触摸输入功能的人机界面产品称为"触摸屏"，但这是不科学的。

人机界面产品包含 HMI 硬件和相应的专用画面组态软件，一般不同厂家的 HMI 硬件使用不同的画面组态软件，连接的主要设备种类是 PLC。

随着数字电路和计算机技术的发展，未来的人机界面产品在功能上的高、中、低划分将越来越不明显。HMI 的功能将越来越丰富；5.7in（1in=0.0254m）以上的 HMI 产品全部是彩色显示屏，屏的寿命也将更长。由于计算机硬件成本的降低，HMI 产品将以平板 PC 为 HMI 硬件的高端产品为主，这种产品在处理器速度、存储容量、通信接口种类和数量、组网能力、软件资源共享上都有较大的优势，是未来 HMI 产品的发展方向。当然，小尺寸的（显示尺寸小于 5.7in）HMI 产品，由于其在体积和价格上的优势，随着其功能的进一步增强（如增加 I/O 功能），将在小型机械设备的人机交互应用中得到广泛应用。

本工作站使用的人机界面是西门子 KTP900，如图 2-102 所示，具体的主要参数见表 2-35。

图 2-102　人机界面

表 2-35　人机界面 KTP900 主要参数

主要参数	说明
尺寸 /in	9
颜色	65535
输入额定电压 /V	DC 24
通信接口	PROFINET
操作方式	触摸 + 按键

3．工业以太网交换机

工业以太网交换机是专门为满足工业环境需求而设计的网络设备。它用于在工业控制系统中连接多个设备，实现数据的高速传输和交换。与普通以太网交换机相比，具有更高的可靠性、抗干扰性和耐用性；能适应恶劣的工业环境，如高温、高湿度、强电磁干扰等；支持多种网络拓扑结构，可灵活组网。工业以太网交换机在工业自动化、智能制造等领域发挥着重要作用，确保工业生产过程中数据通信的稳定与高效。

本工作站使用的工业以太网交换机是 TP-LINK，型号为 TL-SF1008，如图 2-103 所示，其主要参数见表 2-36。

图 2-103　工业以太网交换机

表 2-36　工业以太网交换机主要参数

主要参数	说明
端口	8 个 10/100Mbit/s，自适应 RJ45
工作温度 /℃	−40 ～ 75
输入额定电压 /V	DC 9.6 ～ 60
防护等级	IP30

四、任务实操与评价

1. 制定点检计划

针对 PLC××× 和人机界面××× 制定日点检表及定期点检表，具体见表 2-37 和表 2-38。

表 2-37 PLC××× 和人机界面××× 日点检表

类别	编号	检查项目	要求标准	方法	1	2	3	4	5	6	7	8	9	10	11	12	13	14	15	16	17	18	19	20	21	22	23	24	25	26	27	28	29	30	31
日点检	1	PLC 模块及工业以太网交换机周边无杂物	无灰尘异物	清扫																															
	2	人机界面周边无杂物	无灰尘异物	清扫																															
	3	PLC 状态及工业以太网交换机指示灯是否正常	无出错报警	看																															
	4	人机界面通信状态指示灯是否正常	无出错报警	看																															
	5	人机界面触摸屏、按键与显示是否正常	功能正常	测试																															
确认人签名																																			
备注	日点检要求每日开工前进行。设备点检、维护正常画"√"；使用异常画"▲"；设备未运行画"/"。																																		

表2-38 PLC×××和人机界面×××定期点检表

类别	编号	检查项目	1	2	3	4	5	6	7	8	9	10	11	12
定期点检	1	清洁人机界面触摸屏												
	2	清扫PLC模块及工业以太网交换机灰尘												
		确认人签名												
每6个月	3	PLC模块及工业以太网交换机输入电压确认												
	4	人机界面输入电压确认												
		确认人签名												
每12个月	5	PLC模块及工业以太网交换机接线端子检查												
	6	人机界面接线端子检查												
		确认人签名												
备注		"定期"意味着要定期执行相关活动，但实际的间隔可以不遵守制造商的规定。此间隔取决于工作站操作周期、工作环境和运行模式。通常来说，环境污染越严重，运行模式越苛刻（电缆线束弯曲越厉害），检查间隔越短。设备点检、维护正常常画"√"；使用异常常画"△"；设备未运行画"/"。												

2．日点检项目维护实施

日点检项目 1：PLC 模块及工业以太网交换机周边无杂物

在 PLC 模块及工业以太网交换机的周边要保留足够的空间与位置，以便于操作与维护，并且将无关的杂物及时清理干净，如图 2-104、图 2-105 所示。

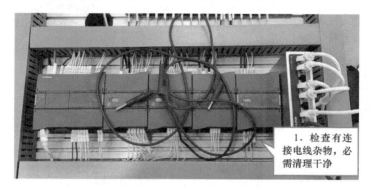

图 2-104 清理周边

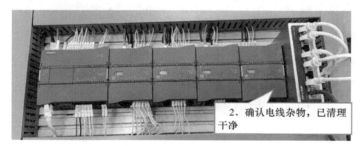

图 2-105 确认清理干净

日点检项目 2：人机界面周边无杂物

在人机界面的周边要保留足够的空间与位置，以便于操作与维护，并且将无关的杂物及时清理干净，如图 2-106 所示。

图 2-106 人机界面周边无杂物

日点检项目 3：PLC 状态及工业以太网交换机指示灯是否正常

一般模块正常时指示灯显示绿色常亮，出错时指示灯为熄灭状态，如图 2-107 所示。

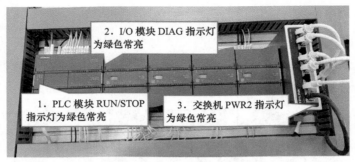

图 2-107 观察指示灯

日点检项目 4：人机界面通信状态指示灯是否正常

正常工作时，通过查看人机界面通信状态指示灯正常显示状态，确认人机界面与 PLC 模块的通信，如图 2-108 所示。

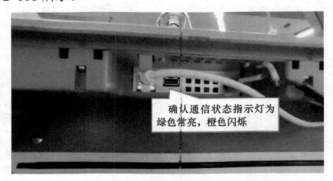

图 2-108 确认通信状态指示灯

日点检项目 5：人机界面触摸屏、按键与显示是否正常

操作人机界面的触摸屏和按键，能正常动作与响应。观察屏幕显示是否清晰，有无重影、缺失和偏移的问题，如图 2-109 所示。

图 2-109 检查触摸屏和按键

3. 定期点检项目维护实施

定期点检项目 1：清洁人机界面触摸屏（每 1 个月）

为了保持一个良好的操作体验，人机界面触摸屏最起码要求每 1 个月清洁一次。一般使用

纯棉拧干的湿毛巾（防静电）进行擦拭，必要时也能使用稀释的中性清洗剂，如图 2-110 所示。

图 2-110　清洁人机界面触摸屏

定期点检项目 2：清扫 PLC 模块及工业以太网交换机灰尘（每 1 个月）

为保证 PLC 模块及工业以太网交换机的可靠运行，最起码要求每 1 个月清扫灰尘一次。具体操作步骤如图 2-111、图 2-112 所示。在开始作业之前，请关闭工作站的主电源。

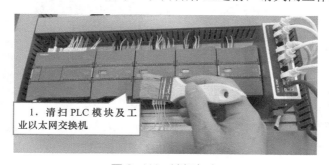

图 2-111　清扫灰尘

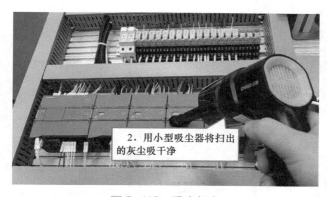

图 2-112　吸净灰尘

定期点检项目 3：PLC 模块及工业以太网交换机输入电压确认（每 6 个月）

此项目为带电操作检查，应由持电工上岗证的技术人员操作。具体操作步骤如图 2-113 ～图 2-115。

图 2-113　确认 PLC 模块输入电压

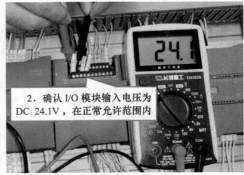

图 2-114　确认 I/O 模块输入电压

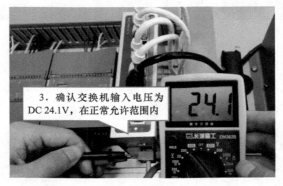

图 2-115　确认交换机输入电压

定期点检项目 4：人机界面输入电压确认（每 6 个月）

此项目为带电操作检查，应由持电工上岗证的技术人员操作，具体操作步骤如图 2-116、图 2-117。

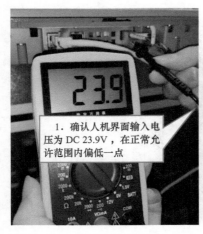

图 2-116　确认人机界面输入电压

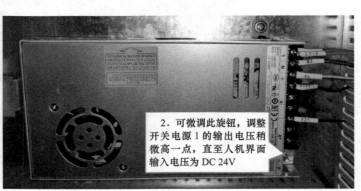

图 2-117　输出电压调节

定期点检项目 5：PLC 模块及工业以太网交换机接线端子检查（每 12 个月）

PLC 模块上的接线端子和工业以太网交换机 RJ 端口，经过长时间运行后，会因为工作站不规则振动而松动。为工作站的可靠运行，有必要定期对接线端子进行检查。具体操作如图 2-118、图 2-119。在开始检查前，应关闭工作站的总电源。

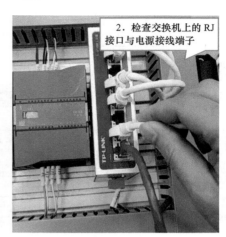

<table>
<tr><td>图 2-118 紧固接线端子</td><td>图 2-119 检查交换机接口与端子</td></tr>
</table>

定期点检项目 6：人机界面接线端子检查（每 12 个月）

人机界面上的接线端子经过长时间运行后，会因为工作站不规则振动而松动。为工作站的可靠运行，有必要定期对接线端子进行检查。具体操作如图 2-120 所示。在开始检查前，应关闭工作站的总电源。

图 2-120 检查人机界面接口与端子

学习情况评估表

任务编号 _____

学生姓名		日期	
班级		开始时间	
实训室		结束时间	

A 过程检查（30分）

编号	任务	分值	自我评价	教师评价
1	列出执行 PLC 和人机界面日点检表的执行项目有哪些（每错 1 个扣 3 分，扣完为止）	15		
2	列出执行 PLC 和人机界面定期点检表的执行项目有哪些（每错 1 个扣 3 分，扣完为止）	15		
总分			30	
实际得分				

记录：

B 结果评价（70分）

编号	任务	分值	自我评价	教师评价
1	执行 PLC 和人机界面日点检表（执行缺失 1 个项目扣 7 分，扣完为止）	35		
2	执行 PLC 和人机界面定期点检表（执行缺失 1 个项目扣 6 分，扣完为止）	35		
总分			70	
实际得分				

记录：

过程检查实际得分	结果评价实际得分	总得分

记录：

任务 2-5 伺服系统的预防维护

一、任务描述

工作站的焊接单元有一个变位机装置，此变位机装置是与工业机器人配合使用的，它是由伺服驱动器、伺服电动机、减速器、同步带轮、同步带等组成的伺服系统，结构比较复杂，一旦缺乏维护保养，就很可能出现故障，导致在生产的关键时刻掉链子。所以，在日常的工作中一定要进行定期预防性维护和保养，从而保证变位机稳定可靠地运行。

二、任务目标

1）制定伺服系统的维护点检计划。

2）对伺服系统实施预防维护点检计划。

三、相关知识

1. 伺服驱动器

伺服驱动器（Servo Drives）又称为伺服控制器、伺服放大器，是用来控制伺服电动机的一种控制器，其作用类似于变频器作用于普通交流马达，属于伺服系统的一部分，主要应用于高精度的定位系统。它一般是通过位置、速度和力矩三种方式对伺服电动机进行控制，实现高精度的传动系统定位，是传动技术的高端产品。

主流的伺服驱动器均采用数字信号处理器（DSP）作为控制核心，可以实现比较复杂的控制算法，实现数字化、网络化和智能化。功率器件普遍采用以智能功率模块（IPM）为核心设计的驱动电路，IPM 内部集成了驱动电路，同时具有过电压、过电流、过热、欠电压等故障检测保护电路，在主回路中还加入软启动电路，以减小启动过程对驱动器的冲击。功率驱动单元首先通过三相全桥整流电路对输入的三相电或者市电进行整流，得到相应的直流电。经过整流好的三相电或市电，再通过三相正弦 PWM 电压型逆变器变频来驱动三相永磁式同步交流伺服电动机。功率驱动单元的整个过程可以简单地说就是 AC—DC—AC 的过程。整流单元（AC—DC）主要的拓扑电路是三相全桥不控整流电路。

对伺服驱动器系统的常用技术要求如下：

1）调速范围宽。

2）定位精度高。

3）有足够的传动刚性和高的速度稳定性。

4）快速响应，无超调。因为伺服系统在启动、制动时，要求加、减加速度足够大，以缩短进给系统的过渡过程时间，减小轮廓过渡误差。

5）低速大转矩，过载能力强，伺服驱动器具有数分钟甚至半小时内 1.5 倍以上的过载能力，在短时间内可以过载 4 ～ 6 倍而不损坏。

6）可靠性高，特别是用于数控机床的伺服驱动系统可靠性高、工作稳定性好，具有较强的温度、湿度、振动等环境适应能力和很强的抗干扰能力。

本工作站使用的伺服驱动器是西门子 SINAMICS V90 伺服驱动器，如图 2-121 所示，其主要参数见表 2-39。

表 2-39　伺服驱动器主要参数

电源	单相 AC 200 ～ 240V（–15% ～ +10%）
最大电动机功率 /kW	0.75
防护等级	IP20
冷却方式	自冷却
控制电流 /A	1.6（无抱闸）/3.6（带抱闸）
制动电阻	集成
过载能力	300%× 额定电流

图 2-121　伺服驱动器

2. 伺服电动机

伺服电动机（Servo Motor）是指在伺服系统中驱动机械装置做旋转运动的电动机。伺服电动机可以控制速度，位置精度非常准确，可以将电压信号转化为转矩和转速以驱动控制对象。伺服电动机转子转速受输入信号控制，并能快速反应，在自动控制系统中，用作执行元件，且具有机电时间常数小、线性度高等特性，可把所收到的电信号转换成电动机轴上的角位移或角速度输出。伺服电动机分为直流和交流伺服电动机两大类，交流伺服电动机的主要特点是当信号电压为零时无自转现象，转速随着转矩的增加而匀速下降。

交流伺服电动机定子的构造基本与电容分相式单相异步电动机相似。其定子上装有两个位置互差 90°的绕组，一个是励磁绕组 R_f，它始终接在交流电压 U_f 上；另一个是控制绕组 L，连接控制信号电压 U_c。

交流伺服电动机的转子通常做成鼠笼式，但为了使伺服电动机具有较宽的调速范围、线性的机械特性、无"自转"现象和快速响应的性能，它与普通电动机相比，应具有转子电阻大和转动惯量小这两个特点。应用较多的转子结构有两种形式：一种是采用高电阻率导电材料做成的高电阻率导条的鼠笼转子，为了减小转子的转动惯量，转子做得细长；另一种是采用铝合金制成的空心杯形转子，杯壁很薄，仅 0.2 ～ 0.3mm，为了减小磁路的磁阻，要在空心杯形转子内放置固定的内定子。空心杯形转子的转动惯量很小，反应迅速，而且运转平稳，因此被广泛采用。

交流伺服电动机在没有控制电压时，定子内只有励磁绕组产生的脉动磁场，转子静止不动。当有控制电压时，定子内便产生一个旋转磁场，转子沿旋转磁场的方向旋转，在负载恒定的情况下，电动机的转速随控制电压的大小而变化，当控制电压的相位相反时，伺服电动机将反转。

交流伺服电动机的工作原理与电容分相式单相异步电动机虽然相似，但前者的转子电阻比后者大得多，所以伺服电动机与单相异步电动机相比，有三个显著特点：

1）起动转矩大：由于转子电阻大，与普通异步电动机的转矩特性曲线相比，有明显的区别。它可使临界转差率 $S_0 > 1$，这样不仅使转矩特性（机械特性）更接近于线性，而且具有较大的起动转矩。因此，当定子一有控制电压，转子立即转动，即具有起动快、灵敏度高的特点。

2）运行范围较广。

3）无自转现象：正常运转的伺服电动机，只要失去控制电压，伺服电动机立即停止运转。当伺服电动机失去控制电压后，它处于单相运行状态，由于转子电阻大，定子中两个相反方向旋转的旋转磁场与转子作用产生两个转矩特性（T1—S1、T2—S2 曲线）以及合成转矩特性（T—S 曲线）。

交流伺服电动机的输出 功率一般是 0.1 ～ 100W。当电源频率为 50Hz 时，电压有 36V 时、110V、220、380V；当电源频率为 400Hz 时，电压有 20V、26V、36V、115V 等多种。

交流伺服电动机运行平稳、噪声小。但控制特性是非线性，并且由于转子电阻大、损耗大、效率低，因此与同容量直流伺服电动机相比，体积大、质量重，只适用于 0.5 ～ 100W 的小功率控制系统。

伺服电动机和其他电动机相比有如下的优点：

1）实现了位置、速度和力矩的闭环控制，克服了步进电动机失步的问题。

2）高速性能好，一般额定转速能达到 2000 ～ 3000r/min。

3）抗过载能力强，能承受三倍于额定转矩的负载，对有瞬间负载波动和要求快速起动的场合特别适用。

4）低速运行平稳。低速运行时不会产生类似于步进电动机的步进运行现象，适用于有高速响应要求的场合。

5）电动机加减速的动态响应时间短，一般在几十毫秒之内。

6）发热和噪声明显降低。

简单来说就是：平常看到的那种普通的电动机，断电后还会因为自身的惯性再转一会儿，然后再停下；而伺服电动机和步进电动机是说停就停，说走就走，反应极快，但步进电动机存在失步现象。

伺服电动机的应用领域广泛，只要是要有动力源的，而且对精度有要求的设备，一般都可能涉及伺服电动机，如机床、印刷设备、包装设备、纺织设备、激光加工设备、工业机器人、自动化生产线等设备。

本工作站使用的西门子 SIMOTICS S-1FL6022-2AF 低惯量电动机如图 2-122 所示，其主要参数见表 2-40。

图 2-122 低惯量电动机

表 2-40 低惯量电动机主要参数

额定功率 /kW	0.05
额定扭矩 /N·m	0.16
额定速度 /（r/min）	3000
额定电流 /A	1.2
防护等级	IP65
运行温度 /℃	0 ～ 40

SINAMICS V90 伺服驱动器和 SIMOTICS S-1FL6022-2AF 伺服电动机可组成八种驱动类型、七种不同的电动机轴规格，功率范围从 0.05 ～ 7.0kW，单相和三相的供电系统使其可以广泛用于各行各业，如定位、传送、收卷等设备中，同时该伺服系统可以与 S7-1500T/S7-1500/S7-1200 进行配合实现丰富的运动控制功能。

本工作站的伺服系统是参考图 2-123 进行集成的。

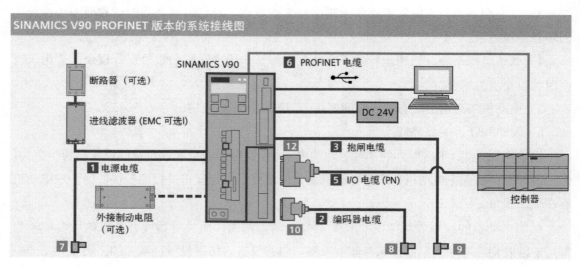

图 2-123 伺服系统接线图

四、任务实操与评价

1. 制定点检计划

针对伺服系统制定日点检表及定期点检表，具体见表2-41和表2-42。

表2-41　工作站伺服系统日点检表

___年___月

类别	编号	检查项目	要求标准	方法	1	2	3	4	5	6	7	8	9	10	11	12	13	14	15	16	17	18	19	20	21	22	23	24	25	26	27	28	29	30	31
日点检	1	伺服驱动器及电动机周边无杂物	无灰尘异物	清扫																															
	2	伺服驱动器显示消息状态	无报警	看																															
	3	伺服驱动器状态灯	正常	看																															
	4	电线连接情况	无裸露松脱	看																															
	5	伺服电动机声音	无异响	听																															
确认人签名																																			
备注	日点检要求每日开工前进行。 设备点检、维护正常常画"√"；使用异常画"▲"；设备未运行画"/"。																																		

表 2-42　工作站伺服系统定期点检表

　　　年

类别	编号	检查项目	1	2	3	4	5	6	7	8	9	10	11	12
定期点检	1	清扫伺服驱动器灰尘												
	2	清扫伺服电动机灰尘												
		确认人签名												
每6个月	3	伺服驱动器散热模块												
	4	伺服电动机运行温度												
		确认人签名												
每12个月	5	伺服驱动器程序备份												
	6	伺服电动机安装紧固												
		确认人签名												

备注　"定期"意味着要定期执行相关活动，但实际的间隔可以不遵守制造商的规定。此间隔取决于工作站操作周期、工作环境和运行模式。通常来说，环境污染越严重，运行模式越苛刻（电缆线束弯曲越厉害），检查间隔越短。

设备点检，维护正常画"√"；使用异常画"△"；设备未运行画"/"。

2. 日点检项目维护实施

日点检项目 1：伺服驱动器及电动机周边无杂物

在伺服驱动器及伺服电动机周边最好要保留足够的空间与位置，以便于操作与维护，并且将无关的杂物及时清理干净，如图 2-124 所示。

日点检项目 2：伺服驱动器显示消息状态

检查伺服驱动器的显示屏上的显示内容，应无报警信息，如图 2-125 所示。一般报警信息的显示模式为 F×××××和 A×××××两种，如出现报警信息应马上通知设备管理人员。

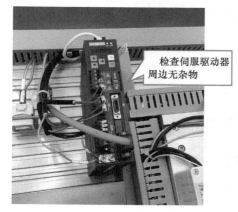

图 2-124 周边无杂物

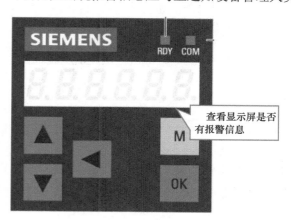

图 2-125 查看显示屏信息

日点检项目 3：伺服驱动器状态灯

检查伺服驱动器的状态指示灯，确认伺服驱动器处于正常状态。两个 LED 状态指示灯（RDY 和 COM）可用来显示驱动状态。两个 LED 灯都为双色（绿色 / 红色）指示灯的状态变化，如图 2-126 所示。具体的含义见表 2-43。

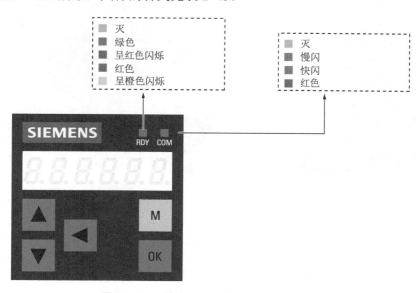

图 2-126 检查伺服驱动器的状态指示灯

表 2-43　状态指示灯状态与说明

状态指示灯	颜色	状态	说明
RDY	—	灭	控制板无 24V 直流输入
	绿色	常亮	驱动处于伺服开状态
	红色	常亮	驱动处于伺服关状态或启动状态
		以 1Hz 频率闪烁	存在报警或故障
	红色、橙色	以 0.5s 间隔交替闪烁	伺服驱动被定位
COM	—	灭	未启动与 PC 的通信
	绿色	以 0.5Hz 频率闪烁	启动与 PC 的通信
		以 2Hz 频率闪烁	SD 卡正在工作（读取或写入）
	红色	常亮	与 PC 通信发生错误

日点检项目 4：电线连接情况

检查伺服驱动器、电动机是否有电线松脱或裸露。如有此种情况应马上关闭总电源，通知有电工上岗证的电工进行处理，如图 2-127 所示。

日点检项目 5：伺服电动机声音

在伺服电动机运行时，细心分辨声音是否正常，是否有尖叫、机械敲击等异常声响。如有此种情况应马上停止运行，通知设备管理人员处理，如图 2-128 所示。

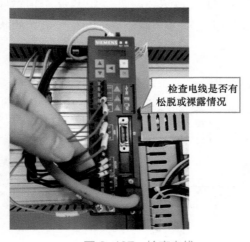

图 2-127　检查电线

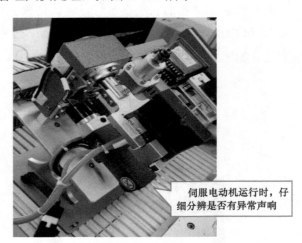

图 2-128　分辨声音

3．定期点检项目维护实施

定期点检项目 1：清扫伺服驱动器灰尘（每 1 个月）

为了保持一个良好的运行环境，伺服驱动器最起码要求每 1 个月清扫灰尘一次。一般使用小扫把和吸尘器进行处理，如图 2-129、图 2-130 所示。

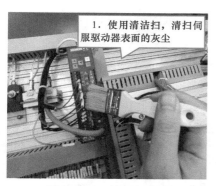

图 2-129　清扫灰尘　　　　　　　　　　　　　图 2-130　吸净灰尘

定期点检项目 2：清扫伺服电动机灰尘（每 1 个月）

为了保持一个良好的运行环境，伺服电动机最起码要求每 1 个月清扫灰尘一次。一般使用小扫把和吸尘器进行处理，如图 2-131、图 2-132 所示。

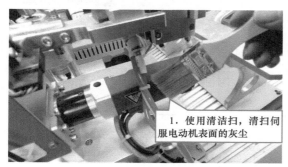

图 2-131　清扫灰尘　　　　　　　　　　　　　图 2-132　吸净灰尘

定期点检项目 3：伺服驱动器散热模块（每 6 个月）

伺服驱动器在工作的过程中会发出较多的热量，如果长时间在高温工况下运行，将会引发故障和缩短使用寿命。所以，应对伺服驱动器的散热模块进行温度监测。一般不超过 45℃ 为宜，如果高于此数值应做出降温的对策，如图 2-133 所示。

定期点检项目 4：伺服电动机运行温度（每 6 个月）

伺服电动机在运行过程中会产生热量，为了保持长时间的可靠运行，电动机的温度应不超过 60℃ 为宜，如果高于此数值应做出降温的对策，如图 2-134 所示。

图 2-133　监测伺服驱动器散热模块

定期点检项目 5：伺服驱动器程序备份（每 12 个月）

定期进行伺服驱动器中程序参数的备份是一个良好的习惯。当出现软故障时，使用备份进行恢复，这是最快捷有效的方法。

定期点检项目 6：伺服电动机安装紧固（每 12 个月）

经过一段长时间的运行，伺服电动机可能会因为在实际工况中的振动、冲击等原因出现机械安装螺钉的松动，所以有必要定期对伺服电动机机械固定螺钉进行紧固的操作，如图 2-135 所示。

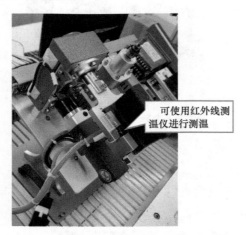

可使用红外线测温仪进行测温

图 2-134　测量伺服电动机运行温度

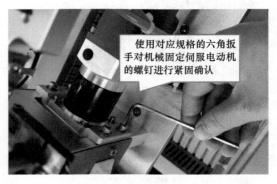

使用对应规格的六角扳手对机械固定伺服电动机的螺钉进行紧固确认

图 2-135　紧固固定螺钉

学习情况评估表

任务编号 _____

学生姓名		日期	
班级		开始时间	
实训室		结束时间	

A　过程检查（30 分）

编号	任务	分值	自我评价	教师评价
1	列出执行工作站伺服系统日点检表的执行项目有哪些（每错 1 个扣 3 分，扣完为止）	15		
2	列出执行工作站伺服系统定期点检表的执行项目有哪些（每错 1 个扣 3 分，扣完为止）	15		
	总分		30	
	实际得分			

记录：

B 结果评价（70 分）

编号	任务	分值	自我评价	教师评价
1	执行工作站伺服系统日点检表（执行缺失 1 个项目扣 7 分，扣完为止）	35		
2	执行工作站伺服系统定期点检表（执行缺失 1 个项目扣 6 分，扣完为止）	35		
	总分		70	
	实际得分			

记录：

过程检查实际得分	结果评价实际得分	总得分

记录：

任务 2-6 机器视觉系统的预防维护

一、任务描述

在工作站中，视觉单元配置有一套完整的机器视觉系统，为整个工作站的"眼睛"，不仅要把视觉信息作为输入，而且还要对这些信息进行处理，进而提取出有用的信息提供给工业机器人。为了在使用机器视觉系统的过程中能保证精准无误，需要定期对机器视觉系统进行预防和维护，从而保证整个工作站稳定可靠地运行。

二、任务目标

1）制定机器视觉系统的维护点检计划。

2）对机器视觉系统实施预防维护点检计划。

三、相关知识

机器视觉系统如图 2-136 所示。

图 2-136　机器视觉系统

在本工作站中，视觉单元由工业相机及镜头、视觉控制器、环形光源、光源控制器等组成，可实现工业机器人与 CCD 机器视觉系统数据通信应用，基于工业视觉进行物料形状、尺寸、位置的识别与校正。

本工作站的视觉单元可以对工业机器人所选取芯片的颜色、形状、位置等信息进行检测和提取，并将检测结果传输给工业机器人，以辅助其完成后续动作。工业镜头配套检测光源，可以尽量避免环境光源对检测结果的影响。采用倒置式安装，可以使工业机器人手持零件进行检测，减少周边配套设备，简化工业机器人轨迹动作。

下面来了解一下视觉单元各个组成部分的具体功能。

1．工业相机

工业相机是机器视觉系统中的一个关键组件，其最本质的功能是将光信号转变成有序的电信号。选择合适的工业相机也是机器视觉系统设计中的重要环节。相比于传统的民用相机（摄像机）而言，它具有高的图像稳定性、高传输能力和高抗干扰能力等。

CCD 是目前机器视觉最为常用的相机图像传感器。它集光电转换及电荷存储、电荷转移、信号读取于一体，是典型的固体成像器件。CCD 的突出特点是以电荷作为信号，而其他器件是以电流或者电压为信号。这类成像器件通过光电转换形成电荷包，而后在驱动脉冲的作用下转移、放大输出图像信号。典型的 CCD 相机由光学镜头、时序及同步信号发生器、垂直驱动器、模拟／数字信号处理电路组成。CCD 作为一种功能器件，与真空管相比，具有无灼伤、无滞后、低电压工作、低功耗等优点。

本工作站选择的工业相机是 OMRON 的 FZ-SC2M，如图 2-137 所示。其主要技术参数见表 2-44。

图 2-137　工业相机

表 2-44　工业相机的主要技术参数

系列	图像传感器
产品特性	自动检测
传感器类型	工业相机
电源电压 /V	24
彩色 / 黑白	彩色
每秒帧数	30
图像大小 /in	2/3
分辨率	200 万像素
像素尺寸 /$\frac{长}{\mu m} \times \frac{宽}{\mu m}$	4.4×4.4
工作温度 /℃	40
是否需要镜头	需要

2. 工业镜头

在机器视觉系统中，工业镜头的主要作用是将目标成像在图像传感器的光敏面上，对产品检测成像质量有着很大影响，是机器视觉系统不可缺少的重要组成部分。

机器视觉系统中工业镜头扮演着眼睛的角色，将产品检测情况反馈给工业相机。工业镜头是高性能分辨率的镜头，采用超低失真设计技术，减低了畸变率，能够更加真实地反映图像效果。

失真技术可以有效地降低透镜的反光损失，减少眩光，增大反差，有效改善色彩还原性，提高图像的清晰度。工业镜头与工业相机的结合，大大提高了工业制造的效率和效果。

工业镜头根据检测要求和测量物体的不同，分为长焦、短焦、变焦镜头；根据镜头的倍率不同，可以分为定倍镜头、手动变倍镜头、手动微调镜头、定格定倍变倍镜头、电动变倍镜头；根据分辨率的不同，可以分为不同像素的镜头，常用的有 130 万像素、200 万像素镜头。另外，还有一种能很好满足机器视觉中对镜头畸变的高要求的远心镜头，采用了独有的平行光路设计技术，具有高分辨率、大景深、低畸变的特点，非常适合应用于机器视觉设备中。

工业镜头在机器视觉系统中可用来对反射度极高的物体进行定位检测，如金属、玻璃、胶片、晶片等表面的划伤检测，芯片和硅晶片的破损检测，MARK 点定位，玻璃割片机、点胶机、SMT 检测、贴版机等需要工业精密视觉识别的对位、定位、零件确认、尺寸测量、工业显微等 CCD 视觉对位、测量装置等领域。

本工作站选择的工业镜头是 OPT（奥普特）的 OPT-C1214-2M，如图 2-138 所示，其特点和主要参数如下。

图 2-138　本工作站选择的工业镜头

（1）特点

1）高分辨率光学设计，全视场分辨率可达 100lp/mm。

2）相对畸变低于 2.8%。

3）适用于 2/3in 靶面及以下的感光芯片。

（2）主要参数　见表 2-45。

表 2-45　工业镜头的主要参数

焦距 /mm	12
后焦距 /mm	9.33
工作距离 /mm	≥ 100
光圈范围	F1.4 ～ F16
搭配芯片	1/3in、1/2.5in、1/1.8in、2/3in（1in=0.0254m）
相对畸变（%）	<2.8
最大视场角 $\frac{水平}{(°)} \times \frac{垂直}{(°)}$	23.0×17.3、27.4×20.4、34.2×26.2、40.1×33.7
镜头接口	C-Mount
质量 /kg	0.06
滤镜螺纹	M27×0.5-6H
镜头类型	定焦

3. 视觉控制器

本工作站选择的视觉控制器是 OMRON 的 FH-L550，如图 2-139 所示。其主要特点和参数如下。

（1）主要特点

1）紧凑的外形设计。

2）符合 IP20 规范。

3）无协议 TCP/UDP 以太网，RS-232。

4）搭配 OMRON CL 接口的面阵或线阵相机工作。

5）外壳上提供电源和工作状态指示灯。

6）提供高速数据电缆、电源和光学配件。

7）采用 DC 24V 电源输入。

8）支持倍速高速相机进行图像获取。

9）支持多台相机并行工作。

图 2-139　本工作站选择的视觉控制器

10）通过 OMRON 自动化软件进行流程编辑和流程处理，使用更加简单，可实现功能强大的机器视觉应用，适合机器视觉检查、测量、存在 / 不存在、零件定位、工业机器人引导、OCR、OCV、代码读取。

11）通过自动化软件的 UI 用户界面进行图像预览和功能设置。

12）现场进行场景扩展。

（2）主要参数　见表 2-46。

表 2-46　视觉控制器的主要参数

产品型号		FH-L550
种类		标准控制器（2 核）
控制器类型		箱型
主要规格	标准运行模式	可
	倍速多通道输入	可
	不间断调整	可
	并行执行	可
	随机触发	可
	可连接相机台数	2
	可连接相机	FH-S 和 FZ-S 系列所有相机
	场景数	128
	UI 操作	鼠标或触摸屏操作
	设定方法	在流程编辑中创建处理流程
	使用语言	中文，英文，日文
图像记录		FTP

（续）

通信	串口通信规格	RS-232C
	Ethernet 通信	无协议 TCP/UDP
	Ethernet 规格	1000BASE-T
	GPIO	12 路输入，31 路输出
	SD 卡	Micro SD 卡
	LED 指示灯	PWR（绿色），RUN（绿色），LINK（黄色），BUSY（绿色），ACCESS（黄色），ERR（红色）
	电源电压 /V	DC 21.6 ～ 26.4
	消耗电流 /mA	420
环境	工作环境	工作时：0 ～ 50℃，保存时：–25 ～ 65℃（无结冰、无结露）
	储存环境	工作和保存 35% ～ 85%（无结露）
	环境空气	无腐蚀性气体
	耐振动	振动频率：10 ～ 150Hz，半振幅：0.35mm，振动方向：X/Y/Z，扫描时间：8min/ 次，扫描次数：10 次
	耐冲击	冲击加速度：$150m/s^2$，测试方向：6 个方向，每个方向三次（上 / 下、前 / 后、左 / 右）
	防护等级	IEC 60529 IP20
材质	外壳	铝

4. 光源

通过适当的光源照明设计，使图像中的目标信息与背景信息得到最佳分离，可以大大降低图像处理算法分割、识别的难度，同时提高系统的定位、测量度，使系统的可靠性和综合性能得到提高。反之，如果光源设计不当，会导致在图像处理算法设计和成像系统设计中事倍功半。

本工作站选择的光源是 CST（康视达）的环形光源 RS 系列，型号为 CST-RS12090-W。其特点、使用范围及主要参数如下：

（1）特点　高密度 LED 阵列，高亮度；结构设计紧凑，节省安装空间；可选配漫射板，使光线均匀扩散；独特的散热构造，提高光源稳定性。

（2）使用范围　玻璃端面的缺陷检测、O 形环外观检测、各种边缘检测、晶圆上的异物检测、收缩薄膜的结合部检测、橡胶的字符检测、各种颜色识别检测、丝印检测。

（3）主要参数　见表 2-47。

表 2-47　环形光源的主要参数

光源颜色	白色
光源功率 /W	13
色温	6000 ~ 6500K
保存环境	温度：−20 ~ 60℃；湿度：20% ~ 85%RH（非凝结）
使用环境	温度：0 ~ 40℃；湿度：20% ~ 85%RH（非凝结）
使用寿命	环境为 25℃时，白色以 50% 照度连续工作 30000h，衰减量为 50%

5. 光源控制器

在机器视觉系统中，除了光源、工业相机、工业镜头等重要组件以外，光源控制器也是其中的关键部件之一。光源控制器可以有效调节光源在机器视觉中的应用，减少使用过程中的不必要损耗，延长光源的使用寿命，保障整个机器视觉系统的协调使用与运作。

本工作站选择的光源控制器是 CST（康视达）的迷你模拟控制器 MAPS 系列，如图 2-140 所示。其特点及主要参数如下：

（1）特点

1）采用 PWM 方式控制，发热量低。

2）亮度无级调节，操作简单。

3）内置 AC 100 ~ 240V 国际通用型开关电源。

4）体积小，质量轻，安装灵活。

（2）主要参数　见表 2-48。

图 2-140　光源控制器

表 2-48　光源控制器的主要参数

驱动方式	恒压
调光方式	PWM 控制、面板旋钮
通道	1
输入电压 /V	AC 100 ~ 240，50 ~ 60Hz
输出电压 /V	24
最大输出电流 /A	0.83
总功率 /W	20
输出端口	SMP-03V-BC（1：输出 +，2：NC，3：输出 −）
使用温湿度	温度：0 ~ 40℃，湿度：20% ~ 85%RH（非凝结）
保存温湿度	温度：−20 ~ 60℃，湿度：20% ~ 85%RH（非凝结）
冷却方式	自然冷却

四、任务实操与评价

1. 制定点检计划

针对机器视觉系统制定日点检表及定期点检表，具体见表 2-49 和表 2-50。

表 2-49　机器视觉系统日点检表

____年 ____月

类别	编号	检查项目	要求标准	方法	1	2	3	4	5	6	7	8	9	10	11	12	13	14	15	16	17	18	19	20	21	22	23	24	25	26	27	28	29	30	31
日点检	1	机器视觉系统各部件灰尘清洁，四周无杂物	无灰尘异物	擦拭																															
	2	机器视觉系统是否放置于常温干燥环境中	常温，干燥	测试																															
	3	是否严格按照操作手册内容执行开关机顺序	功能正常	听、看																															
		确认人签字																																

备注：日点检要求每日开工前进行。设备点检，维护正常画"√"；使用异常画"△"；设备未运行画"/"。

表 2-50　机器视觉系统定期点检表

____年

类别	编号	检查项目	1	2	3	4	5	6	7	8	9	10	11	12
定期点检	1	清洁视觉设备，并用无尘布定期擦拭镜头												
	2	机器视觉系统每个组件上涂防锈油，以防生锈												
	3	检查电气线路接触情况，电线有无破皮及老化												
	4	维护视觉检测设备计算机，清理系统垃圾，及时更新软件												
	5	视觉及光源支架螺钉是否紧固												
	6	保证安装机器视觉检测设备现场电压稳定												
		确认人签名												

备注："定期"意味着要定期执行相关活动，但实际的间隔可以不遵守制造商的规定。此间隔取决于工作站操作周期、工作环境和运行模式。通常来说，环境污染越严重，运行模式越苛刻，检查间隔越短。设备点检，维护正常画"√"；使用异常画"△"；设备未运行画"/"。

2. 点检项目维护实施

机器视觉系统日点检项目 1：机器视觉系统四周无杂物

机器视觉系统的周边要保留足够的空间与位置，以便于操作与维护，如图 2-141 所示。

图 2-141 清扫杂物

机器视觉系统日点检项目 2：机器视觉系统是否放置于常温下干燥环境中

测量所处环境的温度和湿度，保证机器视觉系统各组成部分的温度在适宜范围内。

注：环境温度需保持在 0 ~ 40℃之间。

机器视觉系统日点检项目 3：是否严格按照操作手册内容执行开关机顺序

在每天使用过程中，开关机顺序等都按照操作手册内容严格执行，不能强制进行开关机。

开关机应遵循以下原则：

1）在切断控制器本体电源之前应先进行保存，将设定的数据保存到控制器本体的闪存中，如图 2-142 所示。

2）在主画面（布局 0）中单击窗口的"保存"按钮，保存设定数据。

图 2-142 保存

需要注意的是，控制器会在每次再启动时读取本体闪存中保存的数据，因此，通过"保存"将设定数据保存于本体闪存后，请务必重新启动控制器。如果不重新启动，设定数据将不会变为有效。此外，如果不保存于本体闪存就切断电源，变更内容会消失。

机器视觉系统定期点检项目 1：视觉设备及周边灰尘清理（每 1 个月）

一般先使用手持吸尘器对视觉设备及周边进行去尘，再使用纯棉干净的毛巾对相机、镜头、视觉控制器、光源及光源控制器进行擦拭，如图 2-143 所示。

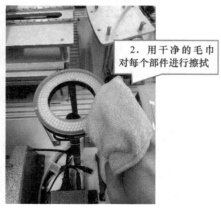

图 2-143 清理并擦拭

需要注意的是，由于镜头脏污会影响相机的成像，造成误检或者误判，所以镜头上的脏污请用镜头专用的清洁无尘布或气刷清除；擦拭时，需要注意保持手持镜头的边缘，尽量减少手指触摸或挤压镜头表面，以免形成污点，并避免镜头晃动；不使用时需要盖上镜头盖，它能保护光学表面不被损坏。如图 2-144 所示。

机器视觉系统定期点检项目 2：机器视觉系统每个组件上涂防锈油，以防生锈（每 1 个月）

对机器视觉系统的活动部位使用防锈油进行涂抹，如图 2-145 所示。

图 2-144　无尘布擦拭并盖好镜头盖　　　　　　　图 2-145　除锈润滑

机器视觉系统定期点检项目 3：检查电气线路接触情况，电线有无破皮及老化（每 1 个月）

电线主要靠外面一层包皮绝缘，时间一长，受到腐蚀性气体的腐蚀，绝缘性能逐渐降低，慢慢老化变硬，发脆或脱落，这时就不起绝缘作用了。所以需要根据以下方法进行定期检测。

1）观察。顺着导线观察其绝缘层，若发现绝缘层出现颜色失去光泽、变暗、变硬、裂纹、部分脱落。用双手弯曲绝缘导线时导线僵硬，甚至绝缘层开裂、绝缘层脱落等，这说明该导线已经出现了不同程度的老化和严重老化。

2）测量。利用绝缘电阻表对电气线路进行绝缘测量，电阻值低于标准值。

以上两种方法若有出现，则需要更换电线。如图 2-146 所示。

图 2-146　检查电线

机器视觉系统定期点检项目 4：维护视觉检测设备计算机，清理系统垃圾，及时更新软件（每 1 个月）

机器视觉系统在一段时间内会存储很多系统缓存垃圾，需要找到存储位置及时进行清理，若有视觉软件需要更新，也应及时更新。

可使用的保存区域见表 2-51。

表 2-51 可使用的保存区域

保存区域		说明	保存操作
控制器	本体闪存	通过"保存于本体"记录设定数据（系统数据、场景数据、场景组数据）的区域。切断电源后也能保持设定数据。控制器重新启动时，控制器对闪存内设定数据的读取为有效	单击"功能"→"保存于本体"或"保存于本体"按钮
	本体内存（RAM）	是利用记录功能在记录图像时暂时存储图像的区域。该存储器为环形存储器，如果达到最大可存数量，则最先保存的图像将依次被覆盖	记住数据图像保存的位置路径，定期进行清理 单击"功能"→"保存于文件"或"功能"→"画面截取"
	本体 RAMDisk	1）可作为暂时的文件保存位置使用。切断控制器电源时，数据将被清除 2）由于是控制器内部存储器，因此保存、读取文件的速度比外部存储器更快。FH 及 FZ5-11×× 时固定为 256MB，FZ5-L3×× 时固定为 40MB 3）RAMDisk 的数据可用 FTP 功能与外部设备之间进行收发	
外部存储器	USB 存储器	为防万一而对设定数据进行备份，将其复制到其他控制器以及读入 PC 时使用	
	SD 卡（仅限 FH）		
	联网的计算机共享文件夹		

机器视觉系统定期点检项目 5：视觉及光源支架螺钉是否紧固（每 1 个月）

使用螺钉旋具进行检测，若有松动，即时进行拧紧，如图 2-147 所示。

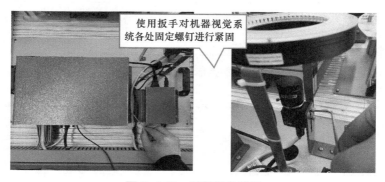

使用扳手对机器视觉系统各处固定螺钉进行紧固

图 2-147 紧固固定螺钉

机器视觉系统定期点检项目 6：保证安装机器视觉检测设备现场电压稳定（每 1 个月）

使用万用表测量输入机器视觉系统的电压，应该在规定标准内（DC 21.6 ～ 26.4V），如图 2-148 所示。

图 2-148　测量输入电压

学习情况评估表

任务编号 _____

学生姓名		日期	
班级		开始时间	
实训室		结束时间	

A　过程检查（30 分）

编号	任务	分值	自我评价	教师评价
1	列出执行机器视觉系统日点检表的执行项目有哪些（每错 1 个扣 5 分，扣完为止）	15		
2	列出执行机器视觉系统定期点检表的执行项目有哪些（每错 1 个扣 3 分，扣完为止）	15		
总分			30	
实际得分				

记录：

B 结果评价（70分）

编号	任务	分值	自我评价	教师评价
1	执行机器视觉系统日点检表（执行缺失 1 个项目扣 15 分，扣完为止）	35		
2	执行机器视觉系统定期点检表（执行缺失 1 个项目扣 6 分，扣完为止）	35		
总分			70	
实际得分				

记录：

过程检查实际得分	结果评价实际得分	总得分

记录：

任务 2-7 位置传感器的预防维护

一、任务描述

在工作站中，使用了很多的位置传感器，用来测量各机构的自身位置，提供准确的位置信息，是工作站运行中不可或缺的部分。为了保证传感器长时间工作能保持灵敏和准确，需要定期对传感器进行预防和维护，从而保证整个工作站稳定可靠地运行。

二、任务目标

1）制订位置传感器的维护点检计划。

2）对位置传感器实施预防维护点检计划。

三、相关知识

位置传感器（Position Sensor）是能感受到被测物的位置并转换成可输出信号的传感器，如图 2-149 所示。它可用来检测位置或反映某种开关的状态。和位移传感器不同，位置传感器有接触式和接近式两种。

图 2-149　位置传感器

1）接触式传感器的触头由两个物体接触挤压而动作，常见的有行程开关、二维矩阵式位置传感器等。行程开关结构简单、动作可靠、价格低廉。当某个物体在运动过程中碰到行程开关时，其内部触头会动作，从而完成控制，如在加工中心的 X、Y、Z 轴方向两端分别装行程开关，可以控制移动范围。二维矩阵式位置传感器安装于机械手掌内侧，用于检测自身与某个物体的接触位置。

2）接近式传感器是指当物体与其接近到设定距离时就发出"动作"信号的开关，它无须和物体直接接触。接近开关有很多类型，如电磁式、光电式、差动变压器式、电涡流式、电容式、干簧管、霍尔式等。

本工作站选择的位置传感器是 OMRON 的 E3Z-LS81，主要参数见表 2-52。

表 2-52　位置传感器的主要参数

检测方式	距离设定型
输出类型	PNP 输出
连接方式	拉线型（标准电线长 2m 或 0.5m）
检测范围	20mm　40mm　　　　　　　　　200mm　受光量阈值（固定） BGS（min 设定时） BGS（max 设定时） FGS（min 设定时） FGS（max 设定时）
电源电压 /V	DC 12 ～ 24
光源（发光波长）	红色发光二极管（680nm）
应答时间	动作回复各 1ms 以内

四、任务实操与评价

1. 制订点检计划

针对位置传感器制定日点检表及定期点检表，具体见表 2-53 和表 2-54。

表2-53 位置传感器日点检表

年 ___ 月

类别	编号	检查项目	要求标准	方法	1	2	3	4	5	6	7	8	9	10	11	12	13	14	15	16	17	18	19	20	21	22	23	24	25	26	27	28	29	30	31
日点检	1	传感器四周无杂物	无灰尘异物	擦拭																																
	2	检查传感器是否被阳光直射	无阳光直射	看																																
	3	传感器所处环境是否有腐蚀性气体	显示正常	闻																																
	4	检查传感器是否在适宜的温度和湿度内	显示正常	测试																																
	5	检查传感器配线有无与其他高压动力线放置同一配线管中	放置正常	看																																
	确认人签字																																		

备注: 日点检要求每日开工前进行。
设备点检、维护正常画"√"；使用异常画"△"；设备未运行画"/"。

表2-54 位置传感器定期点检表

年

类别	编号	检查项目	1	2	3	4	5	6	7	8	9	10	11	12
定期点检	1	传感器及四边灰尘清理												
	2	检查传感器紧固螺钉有无松动												
	3	检查传感器感应功能是否正常												
	确认人签名													

备注: "定期"意味着要定期执行相关活动，但实际的间隔可以不遵守制造商的规定。此间隔取决于工作站操作周期，工作环境和运行模式。通常来说，环境污染越严重，运行模式越苛刻，检查间隔越短。
设备点检、维护正常画"√"；使用异常画"△"；设备未运行画"/"。

2.点检项目维护实施

位置传感器日点检项目1:传感器四周无杂物

传感器的周边要保留足够的空间与位置,以便于操作与维护,如图2-150所示。

位置传感器日点检项目2:检查传感器是否被阳光直射

目视检查,不需要工具,观察传感器位置,避免阳光直射,影响传感器的使用,如图2-151所示。

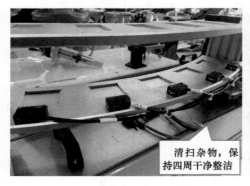

清扫杂物,保持四周干净整洁

确保在室内并无阳光直射

图 2-150　清扫杂物　　　　　　　　　图 2-151　避免阳光直射

位置传感器日点检项目3:传感器所处环境是否有腐蚀性气体

检查是否有刺激性气味,保证传感器所处环境无异味。

位置传感器日点检项目4:检查传感器是否在适宜的温度和湿度内

测量所处环境的温度和湿度,保证传感器温度与湿度在以下范围内:

温度:动作时:$-25 \sim +55℃$,保存时:$-40 \sim +70℃$(不结冰、结露)

湿度:动作时:$35\% \sim 85\%RH$,保存时:$35\% \sim 95\%RH$(不结露)

位置传感器日点检项目5:检查传感器配线有无与其他高压动力线放同一配线管中

目视检查,不需要工具。传感器导线和动力线或电力线装在同一配管中使用时,会受到干扰,有误动作甚至被损坏,因此传感器导线必须单独放置或者屏蔽,如图2-152所示。

线槽内无其他高压电线干扰

图 2-152　无其他高压电线干扰

位置传感器定期点检项目 1：传感器及周边灰尘清理（每 1 个月）

一般，先使用手持吸尘器对每个传感器进行去尘，再使用纯棉干净的毛巾进行擦拭，如图 2-153 所示。

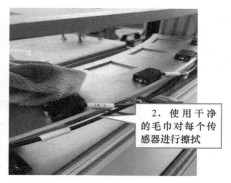

1. 使用手持吸尘器清理

2. 使用干净的毛巾对每个传感器进行擦拭

图 2-153　吸尘并擦拭

位置传感器定期点检项目 2：检查传感器紧固螺钉有无松动（每 1 个月）

使用螺钉旋具进行检测，若有松动，即时进行拧紧，如图 2-154 所示：

位置传感器定期点检项目 3：检查传感器感应功能是否正常（每 1 个月）

通电后，用手或者不透光物体对位置传感器进行遮挡，检测是否有输出信号输出，如图 2-155 所示。

从底部使用螺钉旋具拧紧传感器的固定螺钉

对位置传感器进行遮挡，观察显示灯是否亮起，检测是否有输出信号输出

图 2-154　拧紧固定螺钉　　　　　　图 2-155　遮挡观察显示灯状态变化

学习情况评估表

任务编号 ＿＿＿＿＿＿＿＿＿＿＿＿＿

学生姓名		日期	
班级		开始时间	
实训室		结束时间	

过程检查（**30 分**）

编号	任务	分值	自我评价	教师评价
1	列出执行位置传感器日点检表的执行项目有哪些（每错 1 个扣 3 分，扣完为止）	15		
2	列出执行位置传感器定期点检表的执行项目有哪些（每错 1 个扣 5 分，扣完为止）	15		

总分	30
实际得分	

记录：

B 结果评价（**70 分**）

编号	任务	分值	自我评价	教师评价
1	执行位置传感器日点检表（执行缺失 1 个项目扣 7 分，扣完为止）	35		
2	执行位置传感器定期点检表（执行缺失 1 个项目扣 15 分，扣完为止）	35		

总分	70
实际得分	

记录：

过程检查实际得分	结果评价实际得分	总得分

记录：

工业机器人工作站故障诊断与排除

任务 3-1 工业机器人的故障诊断

一、任务描述

在定期做好预防维护后，我们还需要对工业机器人运行时出现的故障进行及时处理，所以需要我们对工业机器人的常见故障进行诊断，以便在遇到问题时，能快速恢复正常使用，从而保证整个工作站稳定可靠地运行。

二、任务目标

1）学会工业机器人 IRB 120 本体及控制柜的常见故障诊断与排除。

2）学会快换工具接头的常见故障诊断与排除。

三、任务实操与评价

工业机器人在长时间的运行中，避免不了出现一些故障，熟悉常见的故障，及时进行排查，不仅能够减少停机维修的时间，降低使用成本，提高工厂的生产效率，还能延长机器设备的使用寿命，避免生产事故的发生。

1）ABB 工业机器人故障代码的类型分类：工业机器人本身都有完善的监控与保护机制，当工业机器人自身模块发生故障时，就会输出对应的故障代码，所以，需要先了解 ABB 工业机器人故障代码的类型分类，如图 3-1、图 3-2 所示。故障代码类型说明见表 3-1。

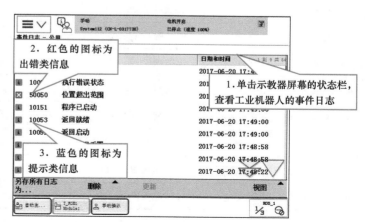

图 3-1　故障代码类型 1

图 3-2　故障代码类型 2

表 3-1　故障代码类型说明

图标	类型	说明
ℹ	提示	将提示信息记录到事件日志中，但是并不要求用户进行任何特别操作
⚠	警告	用于提醒用户系统发生了某些不需要纠正的事件，操作会继续。这些消息会保存在事件日志中
✖	出错	系统出现了严重错误，操作已经停止。需要用户立即采取行动对问题进行处理

2）ABB 工业机器人故障代码的编号规则：根据不同信息的性质和重要程度，ABB 工业机器人的故障代码划分见表 3-2。

表 3-2　故障代码划分

编号	信息类型	说明
1××××	操作	系统内部处理的流程信息
2××××	系统	与系统功能、系统状态相关的信息
3××××	硬件	与系统硬件、工业机器人本体以及控制器硬件有关的信息
4××××	RAPID 程序	与 RAPID 指令、数据等有关的信息
5××××	动作	与控制工业机器人的移动和定位有关的信息
7××××	I/O 通信	与输入和输出、数据总线等有关的信息
8××××	用户自定义	用户通过 RAPID 定义的提示信息
9××××	功能安全	与功能安全相关的信息
11×××	工艺	特定工艺应用信息，包括弧焊、点焊和涂胶等 0001 ～ 0199 过程自动化应用平台

（续）

编号	信息类型	说明
11××××	工艺	0200 ～ 0399 离散自动化应用平台 0400 ～ 0599 弧焊 0600 ～ 0699 点焊 0700 ～ 0799 Bosch 0800 ～ 0899 涂胶 1000 ～ 1200 取放 1400 ～ 1499 生产管理 1500 ～ 1549 BullsEye 1550 ～ 1599 SmartTac 1600 ～ 1699 生产监控 1700 ～ 1749 清枪 1750 ～ 1799 Navigator 1800 ～ 1849 Arcitec 1850 ～ 1899 MigRob 1900 ～ 2399 PickMaster RC 2400 ～ 2449 AristoMig 2500 ～ 2599 焊接数据管理
12××××	配置	与系统配置有关的信息
13××××	喷涂	与喷涂应用有关的信息
15××××	RAPID	与 RAPID 相关的信息
17××××	远程服务	与远程服务相关的信息

运用以上的分类方法，对示教器出现的信息进行阅读。

1. 工业机器人编程引起的问题

查看工业机器人故障代码，根据诊断故障的原则由浅入深进行排查。当发生故障时，我们可以先考虑可能是编程不当所引发的软故障，而不是硬件的故障。一般软故障可以按照图 3-3 所示的流程进行尝试排除。

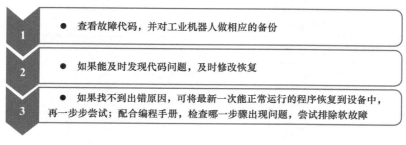

1 ● 查看故障代码，并对工业机器人做相应的备份

2 ● 如果能及时发现代码问题，及时修改恢复

3 ● 如果找不到出错原因，可将最新一次能正常运行的程序恢复到设备中，再一步步尝试；配合编程手册，检查哪一步骤出现问题，尝试排除软故障

图 3-3 软故障解决流程

2. 主计算机单元故障

主计算机模块就好比工业机器人的大脑，位于控制柜的面板中间。LED 状态指示灯位于主计算机的中央位置。主计算机单元故障通过查看 LED 状态指示灯进行排查，如图 3-4 所示。

图 3-4 LED 状态指示灯

LED 状态指示灯状态及含义见表 3-3。

表 3-3 LED 状态指示灯状态及含义

LED 灯名称	LED 灯状态	含义
POWER	熄灭	正常启动时，计算机单元内的 COM 快速模块未启动
	长亮	正常启动完成后
	1 ～ 4 下短闪、1s 熄灭	启动期间遇到故障。可能是电源、FPGA 或 COM 快速模块故障
	1 ～ 5 下闪烁、20 下快速闪烁	运行时电源故障。请重启控制柜后检查主计算机电源电压
DISC-Act	闪烁	正在读写 SD 卡
STATUS	启动时，红色长亮	正在加载 bootloader
	启动时，红色闪烁	正在加载镜像数据
	启动时，绿色闪烁	正在加载 RobotWare
	启动时，绿色长亮	系统启动完成
	红色长亮或闪烁	检查 SD 卡
	绿色闪烁	查看示教器上的信息提示

3. 工业机器人开机、示教器一直处于加载状态界面

此故障可能为示教器和工业机器人主控制器之间没有建立通信连接导致，如图 3-5 所示。

可按图 3-6 所示步骤排查。

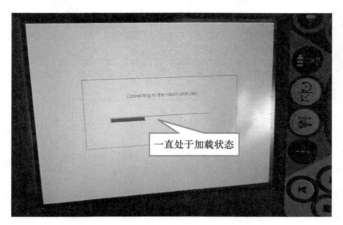

图 3-5 故障界面

1 ● 查看主机状态灯，检查主机是否正常

2 ● 检查主机内 SD 卡是否正常

3 ● 检查示教器连接到主计算机单元的线缆是否正常，有无松动

4 ● 若以上都无法解决，可使用其余正常设备的示教器进行替换测试，排查是否为示教器损坏导致

图 3-6 排查步骤 1

4. 工业机器人在开机时进入了系统故障状态

系统故障如图 3-7 所示。可按图 3-8 所示步骤排查。

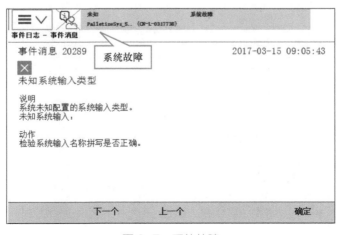

图 3-7 系统故障

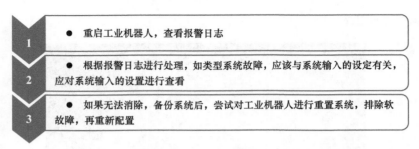

1. ● 重启工业机器人，查看报警日志

2. ● 根据报警日志进行处理，如类型系统故障，应该与系统输入的设定有关，应对系统输入的设置进行查看

3. ● 如果无法消除，备份系统后，尝试对工业机器人进行重置系统，排除软故障，再重新配置

图 3-8 排查步骤 2

5. 20032 转数计数器未更新

此故障可能为工业机器人电池没电或者在断电情况下发生关节轴移动导致，如图 3-9 所示。可按图 3-10 所示步骤排查。

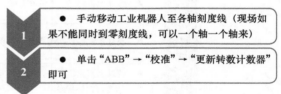

1. ● 手动移动工业机器人至各轴刻度线（现场如果不能同时到零刻度线，可以一个轴一个轴来）

2. ● 单击"ABB"→"校准"→"更新转数计数器"即可

图 3-9 转数计数器未更新   图 3-10 排查步骤 3

6. 50296 SMB 内存差异

此故障可能为更换了 SMB 线缆后，由于 SMB 内数据和控制柜内数据不一致导致，如图 3-11 所示。可按图 3-12 所示步骤排查。

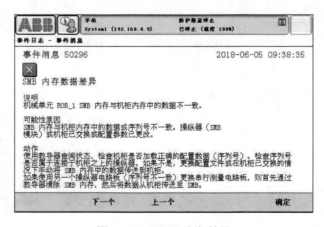

图 3-11 SMB 内存差异

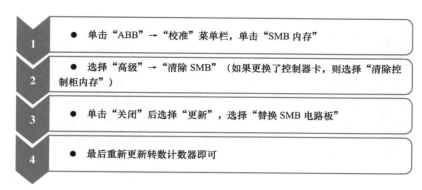

1	● 单击"ABB"→"校准"菜单栏,单击"SMB 内存"
2	● 选择"高级"→"清除 SMB"(如果更换了控制器卡,则选择"清除控制柜内存")
3	● 单击"关闭"后选择"更新",选择"替换 SMB 电路板"
4	● 最后重新更新转数计数器即可

图 3-12 排查步骤 4

7. 38103 与 SMB 的通信中断

与 SMB 的通信中断如图 3-13 所示。可按图 3-14 所示步骤排查。

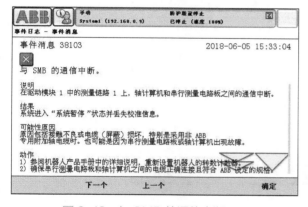

图 3-13 与 SMB 的通信中断

● 检查工业机器人控制柜的 SMB 接头 XS2 到工业机器人本体的 SMB 线是否接好

图 3-14 排查步骤 5

8. 50204 动作监控、50056 关节碰撞

此故障可能为工业机器人发生关节碰撞导致,如图 3-15、图 3-16 所示。可按图 3-17 所示步骤排查。

图 3-15 动作监控

图 3-16 关节碰撞

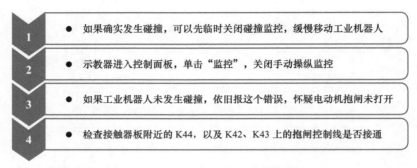

1	● 如果确实发生碰撞,可以先临时关闭碰撞监控,缓慢移动工业机器人
2	● 示教器进入控制面板,单击"监控",关闭手动操纵监控
3	● 如果工业机器人未发生碰撞,依旧报这个错误,怀疑电动机抱闸未打开
4	● 检查接触器板附近的 K44,以及 K42、K43 上的抱闸控制线是否接通

图 3-17　排查步骤 6

9．10106 到保养时间

此错误为工业机器人到保养时间,需要进行保养,如图 3-18 所示。

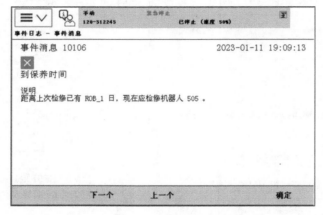

图 3-18　到保养时间

保养完成应进行图 3-19 所示步骤消除提示。

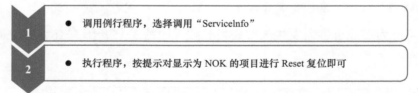

1	● 调用例行程序,选择调用"Servicelnfo"
2	● 执行程序,按提示对显示为 NOK 的项目进行 Reset 复位即可

图 3-19　排查步骤 7

学习情况评估表

任务编号 _____

学生姓名		日期	
班级		开始时间	
实训室		结束时间	

A 过程检查（30分）

编号	任务	分值	自我评价	教师评价
1	熟悉故障代码的查看方法	3		
2	诊断工业机器人编程引起的问题	3		
3	诊断主计算机单元故障问题	3		
4	诊断工业机器人开机、示教器一直处于加载状态界面问题	3		
5	诊断工业机器人在开机时进入系统故障状态问题	3		
6	诊断 20032 转数计数器未更新问题	3		
7	诊断 50296 SMB 内存差异问题	3		
8	诊断 38103 与 SMB 的通信中断问题	3		
9	诊断 50204 动作监控、50056 关节碰撞问题	3		
10	诊断问题心得总结	3		
总分			30	
实际得分				

记录：

B 结果评价（70分）

编号	任务	分值	自我评价	教师评价
1	熟悉故障代码的查看方法	7		
2	排除工业机器人编程引起的问题	7		
3	排除主计算机单元故障问题	7		
4	排除工业机器人开机、示教器一直处于加载状态界面问题	7		
5	排除工业机器人在开机时进入系统故障状态问题	7		
6	排除 20032 转数计数器未更新问题	7		
7	排除 50296 SMB 内存差异问题	7		
8	排除 38103 与 SMB 的通信中断问题	7		
9	排除 50204 动作监控、50056 关节碰撞问题	7		
10	排除故障问题心得总结	7		
总分			70	
实际得分				

记录：

过程检查实际得分	结果评价实际得分	总得分

记录：

任务 3-2　空气压缩机与气动系统的故障诊断

一、任务描述

一套气动装置除了在做好定期的维护保养工作之外，我们还需要掌握对气动系统运行出现的可能故障进行及时处理，了解常见的故障原因，以便在遇到问题时，能快速恢复正常使用，从而保证整个工作站稳定可靠地运行。

二、任务目标

1）学会空压机的常见故障诊断与排除。
2）学会气动系统的常见故障诊断与排除。

三、任务实操与评价

空压机与气动系统在长时间的运行中避免不了会出现一些故障，熟悉常见的故障，及时地进行排查，不仅能够减少停机维修的时间，降低使用成本，提高工厂的生产效率，还能延长机器设备的使用寿命，避免生产事故的发生。

1. 空压机压力无法升高

如果遇到空压机压力无法升高，一般可以按照图 3-20 所示的流程尝试排除。具体操作如图 3-21 ～ 图 3-26 所示。

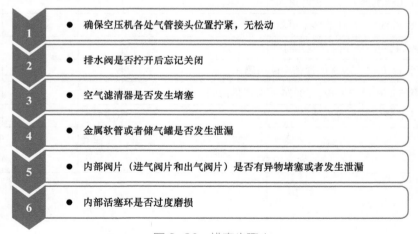

图 3-20　排查步骤 1

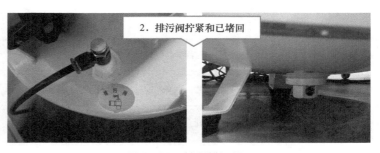

图 3-21　拧紧接头　　　　　　　　　　图 3-22　拧紧排污阀

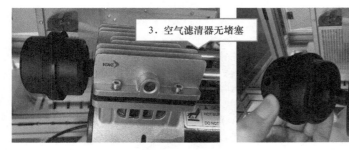

图 3-23　检查空气滤清器　　　　　　　图 3-24　检查金属软管
　　　　　　　　　　　　　　　　　　　　　　　　和储气罐

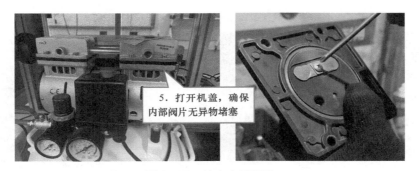

图 3-25　检查内部阀片

图 3-26　更换活塞环

若以上处理均无法解决，请及时更换相关配件。

2. 调压过滤阀无法调节或漏气

如果遇到调压阀压力无法调节，一般可以按照图 3-27 所示的流程尝试排除。具体操作如图 3-28 ～图 3-31 所示。

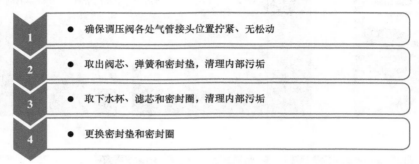

1	● 确保调压阀各处气管接头位置拧紧、无松动
2	● 取出阀芯、弹簧和密封垫，清理内部污垢
3	● 取下水杯、滤芯和密封圈，清理内部污垢
4	● 更换密封垫和密封圈

图 3-27　排查步骤 2

图 3-28　拧紧接头

图 3-29　取出部件并清理内部污垢 1

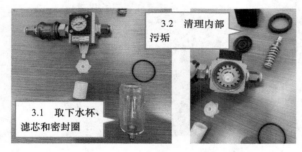

图 3-30　取出部件并清理内部污垢 2

图 3-31　更换密封垫和密封圈

若以上处理均无法解决，请及时更换相关配件。

3．电磁阀通电后无动作

如果遇到电磁阀通电后无法正常工作，一般可以按照图 3-32 所示的流程尝试排除。

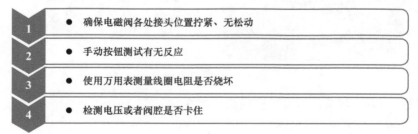

1	● 确保电磁阀各处接头位置拧紧、无松动
2	● 手动按钮测试有无反应
3	● 使用万用表测量线圈电阻是否烧坏
4	● 检测电压或者阀腔是否卡住

图 3-32　排查步骤 3

1）拧紧插座并手动触发测试如图 3-33 所示。

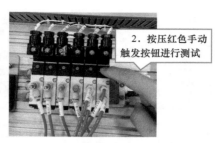

1. 拧紧插座接头

2. 按压红色手动触发按钮进行测试

图 3-33 拧紧插座并手动触发测试

2）如果没有声音，可能为线圈烧坏，拆开插座，使用电阻挡位测量线圈电阻，如图 3-34 所示。

3.1 正常状态下，应该是很小的电阻

3.2 如果电阻很大，则线圈烧坏，需要及时更换

图 3-34 测量线圈电阻

3）若通电动作后，听见"哒"的声音，且后面持续出现了"哒哒哒"的声音，这种情况一般是吸力不足，需要测量电压或者检测阀腔是否卡住了。

若以上处理均无法解决，请及时更换相关配件。

4. 电磁阀串气或者漏气

如果遇到电磁阀串气或者漏气，一般可以按照图 3-35 所示的流程尝试排除。更换密封垫具体操作如图 3-36 所示。

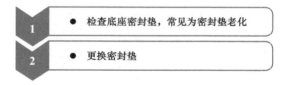

1 ● 检查底座密封垫，常见为密封垫老化

2 ● 更换密封垫

图 3-35 排查步骤 4

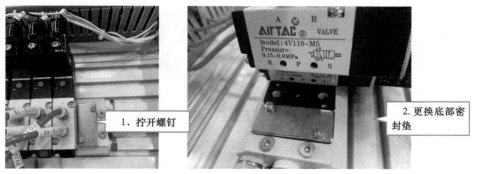

1. 拧开螺钉

2. 更换底部密封垫

图 3-36 更换密封垫

若以上处理均无法解决，请及时更换相关配件。

5. 气缸出现内、外泄漏或动作不平稳

如果遇到气缸出现内、外泄漏，一般可以按照图 3-37 所示的流程尝试排除。

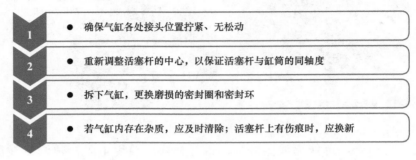

1	● 确保气缸各处接头位置拧紧、无松动
2	● 重新调整活塞杆的中心，以保证活塞杆与缸筒的同轴度
3	● 拆下气缸，更换磨损的密封圈和密封环
4	● 若气缸内存在杂质，应及时清除；活塞杆上有伤痕时，应换新

图 3-37　排查步骤 5

若以上处理均无法解决，请及时更换相关配件。

学习情况评估表

任务编号 _____

学生姓名		日期	
班级		开始时间	
实训室		结束时间	

A　过程检查（30 分）

编号	任务	分值	自我评价	教师评价
1	诊断空压机压力无法升高问题	5		
2	诊断调压过滤阀无法调节或漏气问题	5		
3	诊断电磁阀通电后无动作问题	5		
4	诊断电磁阀串气或者漏气问题	5		
5	诊断气缸出现内、外泄漏或动作不平稳问题	5		
6	诊断问题心得总结	5		
总分			30	
实际得分				

记录：

B 结果评价（70 分）

编号	任务	分值	自我评价	教师评价
1	排除空压机压力无法升高问题	10		
2	排除调压过滤阀无法调节或漏气问题	10		
3	排除电磁阀通电后无动作问题	10		
4	排除电磁阀串气或者漏气问题	10		
5	排除气缸出现内、外泄漏或动作不平稳问题	10		
6	排除故障问题心得总结	20		
总分			70	
实际得分				

记录：

过程检查实际得分	结果评价实际得分	总得分

记录：

任务 3-3 电控柜的故障诊断与排除

一、任务描述

在本任务中，我们就电控柜里元器件的常见故障诊断与排除进行深入浅出的讲解与分析。帮助读者在日常的工作过程中具备诊断常见故障并排除的能力，从而使工作站稳定可靠地运行。

二、任务目标

1）学会微型断路器的常见故障诊断与排除。

2）学会熔断器的常见故障诊断与排除。

3）学会开关电源的常见故障诊断与排除。

4）学会中间继电器的常见故障诊断与排除。

三、任务实操与评价

无论是简单还是复杂的自动化设备，电控柜都是不可或缺的存在。掌握电控柜里的微型断路器、熔断器、开关电源和中间继电器故障的诊断与排除方法，是非常有实际意义的。下面就对常见故障的诊断与排除方法进行详细的讲解。

1. 微型断路器合闸无法通电的故障

微型断路器一次关闭后，再次合闸时无输出，一般可以按照图3-38所示的流程尝试排除。图3-39为使用万用表判断测量微型断路器的主触点。

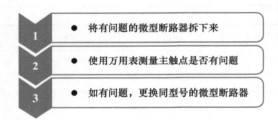

将拆下来的微型断路器合闸，使用万用表的电阻挡测量发现其中一路主触点断路。处理对策是进行同型号备件更换

图 3-38　步骤排查　　　　图 3-39　使用万用表判断测量微型断路器的主触点

2. 熔断器动作后的恢复

检查熔断器输出端无输出后，一般可以按照图3-40所示的流程尝试排除。

使用万用表判断熔体是否熔断如图3-41所示。

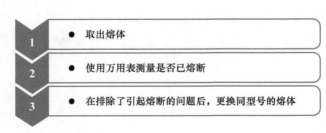

使用万用表的电阻挡测量发现有故障的熔体是熔断的。在排除了引起熔断的问题后，更换同型号的熔体

图 3-40　排查步骤1　　　　图 3-41　使用万用表判断熔体是否熔断

3．开关电源无输出的故障

开关电源作为工作站交流电源变直流电源的重要设备，也是容易发生故障。一般可以按照图 3-42 所示的流程尝试排除。

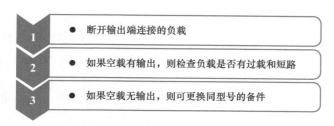

1	● 断开输出端连接的负载
2	● 如果空载有输出，则检查负载是否有过载和短路
3	● 如果空载无输出，则可更换同型号的备件

图 3-42　排查步骤 2

1）使用万用表测量，输入端为 AC 231V，输出端为 DC 0V。图 3-43 为开关电源故障：有输入，无输出。

2）使用万用表测量，输入端为 AC 0V，输出端为 DC 0V。图 3-44 为开关电源故障：无输入，无输出。这个情况应检查给开关电源供电的上级输出是否有故障。

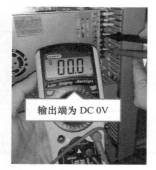
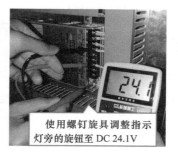

图 3-43　开关电源故障 1　　　　　　图 3-44　开关电源故障 2

4．开关电源输出电压偏低的处理

使用直流电源的模块输入电压一般为 DC 24V，如果不足的话可能会引起模块运行的不稳定。这种情况下，处理的一般流程如图 3-45 所示。

图 3-45　输出电压偏低的调整

5．中间继电器不动作的故障

PLC 的输出端向连接的中间继电器发出动作信号，但是中间继电器没有动作，一般可以按照图 3-46 所示的流程尝试排除。

图 3-47 为中间继电器线圈的检查。

图 3-46　排查步骤 3

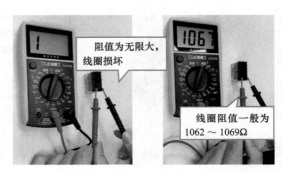

图 3-47　中间继电器线圈的检查

学习情况评估表

任务编号 _____

学生姓名		日期	
班级		开始时间	
实训室		结束时间	

A　过程检查（30 分）

编号	任务	分值	自我评价	教师评价
1	诊断微型断路器合闸无法通电的故障	5		
2	诊断熔断器动作后的恢复	5		
3	诊断开关电源无输出的故障	5		
4	诊断开关电源输出电压偏低故障	5		
5	诊断中间继电器不动作的故障	5		
6	诊断问题心得总结	5		
总分			30	
实际得分				

记录：

B 结果评价（70 分）

编号	任务	分值	自我评价	教师评价
1	排除微型断路器合闸无法通电的故障	10		
2	排除熔断器动作后的恢复	10		
3	排除开关电源无输出的故障	10		
4	排除开关电源输出电压偏低故障	10		
5	排除中间继电器不动作的故障	10		
6	排除的心得总结	20		
总分			70	
实际得分				

记录：

过程检查实际得分	结果评价实际得分	总得分

记录：

任务 3-4 PLC 与人机界面的故障诊断与排除

一、任务描述

在本任务中，就 PLC 与人机界面的常见故障诊断与排除进行深入浅出的讲解与分析。帮助读者在日常的工作过程中具备诊断常见故障并排除的能力，从而使工作站稳定可靠地运行。

二、任务目标

1）学会 PLC 及其模块的常见故障诊断与排除。

2）学会人机界面的常见故障诊断与排除。

三、任务实操与评价

PLC 和人机界面在工业自动化水平提升方面可以说功不可没，虽然 PLC 和人机界面是专为工业应用而设计，其硬件设计有极高的安全性和稳定性，但是不乏一些自然原因和人为因素导致损坏而不能正常使用。PLC 和人机界面的价格少则几百，多则上万，从节省开支方面讲，发生故障后还是具有一定的维修价值。

1. PLC 编程引起的故障

一般来说，如果电气元器件模块是可编程的，根据诊断故障的原则由浅入深进行排查。当发生故障时，我们首先可以先考虑可能是编程不当所引发的软故障，而不是硬件的故障。所以一般软故障可以按照如图 3-48 所示的流程尝试排除。

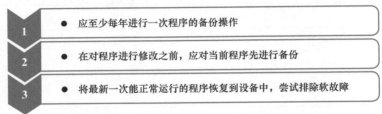

图 3-48　排查步骤 1

如果此时故障还未能排除，则继续诊断排除是否硬件故障了。

2. PLC 的数字输入故障

当发现 PLC 的数字输入模块无法接收数字输入信号的变化时，可以根据图 3-49 所示的步骤进行诊断。

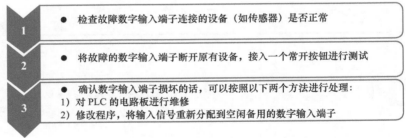

图 3-49　排查步骤 2

假设当数字输入 I0.1 发生故障时，具体对策如图 3-50、图 3-51 所示。

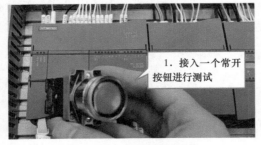

图 3-50　接入按钮测试

图 3-51　变更程序与接线

3. PLC 的数字输出故障

当发现 PLC 的数字输出模块无法接收数字输出信号的变化时，可以根据图 3-52 所示的步骤进行诊断。

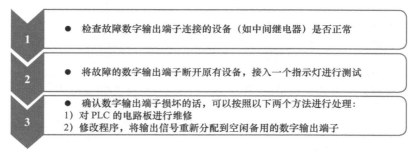

1	● 检查故障数字输出端子连接的设备（如中间继电器）是否正常
2	● 将故障的数字输出端子断开原有设备，接入一个指示灯进行测试
3	● 确认数字输出端子损坏的话，可以按照以下两个方法进行处理： 1）对 PLC 的电路板进行维修 2）修改程序，将输出信号重新分配到空闲备用的数字输出端子

图 3-52　排查步骤 3

假设当数字输出 Q0.1 发生故障时，具体对策如图 3-53、图 3-54 所示。

图 3-53　接入指示灯测试

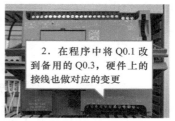

图 3-54　变更程序与接线

4. PLC 模块与人机界面之间 PROFINET 通信中断

PLC 模块与人机界面之间的通信是通过工业网络 PROFINET 进行的，如果出现通信中断，无法正常使用。可以根据图 3-55、图 3-56 所示的步骤进行诊断。

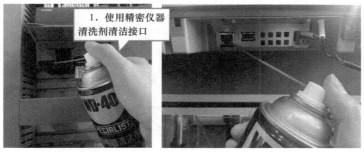

图 3-55　清洁接口

图 3-56　更换线缆

5．人机界面编程引起的故障

当人机界面发生故障时，我们先考虑可能是编程不当所引发的软故障，而不是硬件的故障。一般软故障可以按照图 3-57 所示的流程尝试排除。

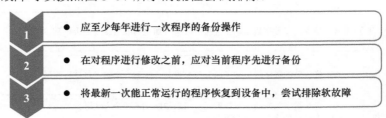

1	● 应至少每年进行一次程序的备份操作
2	● 在对程序进行修改之前，应对当前程序先进行备份
3	● 将最新一次能正常运行的程序恢复到设备中，尝试排除软故障

图 3-57　排查步骤 4

6．PLC 模块与人机界面都无法接通电源故障

主电源合闸后，发现 PLC 模块与人机界面都未能接通电源，则应检查为 PLC 模块与人机界面提供直流 24V 的开关电源的输出是否正常，如图 3-58 所示，具体的诊断与排除的方法请阅读任务 3-3 中的介绍。

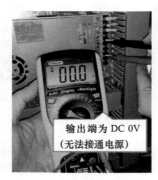

输出端为 DC 0V
（无法接通电源）

图 3-58　检查开关电源的输出

学习情况评估表

任务编号 _____

学生姓名		日期	
班级		开始时间	
实训室		结束时间	

Ａ　过程检查（30 分）

编号	任务	分值	自我评价	教师评价
1	诊断 PLC 编程引起的故障	4		
2	诊断 PLC 的数字输入故障	4		
3	诊断 PLC 的数字输出故障	4		

（续）

编号	任务	分值	自我评价	教师评价
4	诊断 PLC 模块与人机界面之间 PROFINET 通信中断	4		
5	诊断人机界面编程引起的故障	4		
6	诊断 PLC 模块与人机界面都无法接通电源故障	4		
7	诊断问题心得总结	6		
总分			30	
实际得分				

记录：

B 结果评价（70 分）

编号	任务	分值	自我评价	教师评价
1	排除 PLC 编程引起的故障	10		
2	排除 PLC 的数字输入故障	10		
3	排除 PLC 的数字输出故障	10		
4	排除 PLC 模块与人机界面之间 PROFINET 通信中断	10		
5	排除人机界面编程引起的故障	10		
6	排除 PLC 模块与人机界面都无法接通电源故障	10		
7	排除的心得总结	10		
总分			70	
实际得分				

记录：

过程检查实际得分	结果评价实际得分	总得分

记录：

任务 3-5　伺服系统的故障诊断与排除

一、任务描述

在本任务中，我们就伺服系统的常见故障诊断与排除进行深入浅出的讲解与分析。帮助读者在日常的工作过程中具备诊断常见故障并排除的能力，从而使工作站稳定可靠地运行。

二、任务目标

1）学会伺服驱动器的常见故障诊断与排除。
2）学会伺服电动机的常见故障诊断与排除。

三、任务实操与评价

随着工业自动化水平的不断提升，伺服系统在高精度运动控制领域是不可或缺的存在，虽然伺服驱动器和伺服电动机是专为工业应用而设计，硬件设计有极高的安全性和稳定性，但是不乏一些客观原因和人为因素导致损坏而不能正常使用，所以需要我们具备故障诊断与排除的能力。

1. 伺服驱动器的软故障

一般来说，如果电气元器件模块是可编程的，应根据诊断故障的原则由浅入深进行排查。当发生故障时，我们先考虑可能是编程不当所引发的软故障，而不是硬件的故障。一般软故障可以按照图 3-59 所示的流程尝试排除。

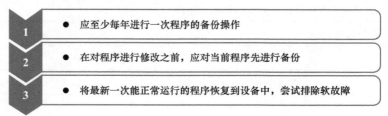

1	● 应至少每年进行一次程序的备份操作
2	● 在对程序进行修改之前，应对当前程序先进行备份
3	● 将最新一次能正常运行的程序恢复到设备中，尝试排除软故障

图 3-59　排查步骤 1

如果此时故障还未能排除，则继续诊断排除是否是硬件故障。

2. 伺服驱动器的电源故障

主电源上电后，伺服驱动器无任何反应，可以根据图 3-60 所示的步骤进行诊断。

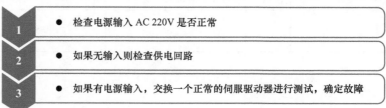

1	● 检查电源输入 AC 220V 是否正常
2	● 如果无输入则检查供电回路
3	● 如果有电源输入，交换一个正常的伺服驱动器进行测试，确定故障

图 3-60　排查步骤 2

图 3-61 为检查输入电源是否正常。

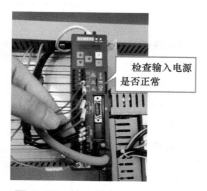

图 3-61 检查输入电源是否正常

3. 伺服电动机噪声与异常振动故障

当伺服电动机在运行的过程中发出有别于平时的噪声，可以根据图 3-62 所示的步骤进行诊断。

图 3-63 为使用工具进行确认。

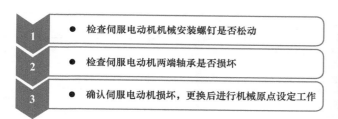

1 ● 检查伺服电动机机械安装螺钉是否松动

2 ● 检查伺服电动机两端轴承是否损坏

3 ● 确认伺服电动机损坏，更换后进行机械原点设定工作

图 3-62 排查步骤 3

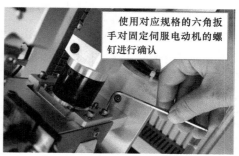

使用对应规格的六角扳手对固定伺服电动机的螺钉进行确认

图 3-63 螺钉锁紧确认

4. 伺服驱动器常见报警信息及对策

伺服驱动器本身已有完善的故障自诊断功能，一般常见故障都可以根据报警信息及提供的对策进行故障的处置，如图 3-64 所示。常见的报警信息故障码说明见表 3-4。

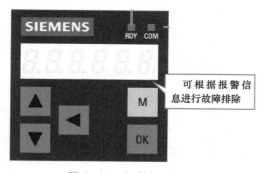

可根据报警信息进行故障排除

图 3-64 报警信息显示

表 3-4　常见的报警信息故障码说明

故障码	说明
F1000	内部软件错误
F1001	浮点数异常
F1002	内部软件错误
F1003	访问存储器时出现应答延迟
F1015	内部软件错误
F1018	启动多次中断
F1030	上位机的通信故障
F1611	SI CU：发现故障
F1910	现场总线：设定值超时
F7011	电动机过热
F7085	开环控制 / 闭环控制参数被更改
F7093	驱动：内置信号错误
F7220	驱动：缺少 PLC 控制权
F7403	达到直流母线电压下限
F7404	达到直流母线电压上限
F7410	电流控制器输出受限
F7412	换向角出错（电动机模型）
F7420	驱动：电流设定值滤波器固有频率 > 香农频率
F7430	无法切换到扭矩开环运行
F7431	无法切换到无编码器运行
F7442	LR：多圈与模数范围不匹配
F7443	参考点坐标不在允许范围内
F7450	静态监控已响应
F7451	定位监控已响应
F7452	跟随误差过大
F7453	位置实际值处理出错
F7458	EPOS：未找到参考点挡块
F7459	不存在零脉冲
F7460	EPOS：未找到参考点挡块端点

（续）

故障码	说明
F7464	EPOS：运行程序段不一致
F7475	EPOS：目标位置＜运行范围起点
F7476	EPOS：目标位置＞运行范围终点
F7481	EPOS：轴位置＜负向软限位开关
F7482	EPOS：轴位置＞正向软限位开关
F7490	运行时取消使能
F7491	到达负限位
F7492	到达正限位
F7493	LR：溢出位置实际值的范围
F7599	编码器 1：无法调整
F7800	驱动：无功率单元
F7801	电动机过电流
F7802	整流单元或功率单元未就绪
F7815	功率单元已更改
F7900	电动机堵转 / 速度控制器到限
F7901	电动机超速
F7995	电动机识别失败
F30001	电源模块：过电流
F30002	直流母线过电压
F30003	直流母线欠电压
F30004	驱动散热片过热
F30005	电源模块：过载 I2t
F30011	主电路缺相
F30015	动力电缆缺相
F30021	接地故障
F30027	直流母线预充电时间监控
F30036	内部空间过热
F30050	24V 电源过电压
F31100	零脉冲距离出错
F31101	零脉冲故障

（续）

故障码	说明
F31110	串行通信故障
F31112	串行记录中的故障位已置位
F31117	A/B/R 信号取反出错
F31130	粗同步的零脉冲和位置错误
F31150	初始化出错
F52903	故障状态与故障缓存中的故障不一致
F52904	控制模式更改
F52911	正向扭矩限值错误
F52912	负向扭矩限值错误
F52931	变速箱限制
F52933	PTO 变速箱限制
F52980	绝对编码器电动机已更改
F52981	绝对编码器电动机不匹配
F52983	没有检测到编码器
F52984	未配置增量编码器电动机
F52985	绝对编码器电动机错误
A1009	控制单元过热
A1019	写入可移动设备失败
A1032	需要保存所有参数
A1045	组态数据无效
A1920	Drive Bus 总线：在 To 后接收设定值
A1932	DSC 中缺少 Drive Bus 总线时钟周期等时同步
A5000	驱动散热片过热
A7012	电动机温度模型 1/3 过热
A7441	LR：保存绝对编码器调整的位置偏移量
A7456	EPOS：设定速度极限
A7461	EPOS：零点未设置
A7469	EPOS：运行程序段＜目标位置＜负向软限位开关
A7470	EPOS：正向软限位开关＜目标位置＜运行程序段
A7471	EPOS：运行程序段目标位置位于模数范围之外

（续）

故障码	说明
A7472	EPOS：不支持运行程序段 ABS_POS/ABS_NEG
A7473	EPOS：到达运行范围起点
A7474	EPOS：到达运行范围终点
A7477	EPOS：目标位置 < 负向软限位开关
A7478	EPOS：目标位置 > 正向软限位开关
A7479	EPOS：到达负向软件限位开关
A7480	EPOS：到达正向软件限位开关
A7496	SON 使能消失
A7576	由于故障无编码器运行生效
A7582	位置实际值处理出错
A7585	P-TRG 或 CLR 激活
A7588	编码器 2：位置值预处理没有有效的编码器
A7805	功率单元过载 I2t
A7965	需要保存
A7971	换向角偏移测定激活
A7991	正在进行电动机数据检测
A30016	负载电源关闭
A30031	U 相位的硬件电流限制响应
A31411	绝对编码器报警
A31412	串行记录中的故障位已置位
A52900	数据复制故障
A52901	制动电阻达到报警阈值
A52902	急停丢失
A52932	PTO 最大限制

学习情况评估表

任务编号 _____

学生姓名		日 期	
班级		开始时间	
实训室		结束时间	

过程检查（30分）

编号	任务	分值	自我评价	教师评价
1	诊断伺服驱动器的软故障	6		
2	诊断伺服驱动器的电源故障	6		
3	诊断伺服电动机噪声与异常振动故障	6		
4	诊断伺服驱动器常见报警信息	6		
5	诊断问题心得总结	6		
总分			30	
实际得分				

记录：

B 结果评价（70分）

编号	任务	分值	自我评价	教师评价
1	排除伺服驱动器的软故障	14		
2	排除伺服驱动器的电源故障	14		
3	排除伺服电动机噪声与异常振动故障	14		
4	排除伺服驱动器常见报警信息	14		
5	排除故障问题心得总结	14		
总分			70	
实际得分				

记录：

过程检查实际得分	结果评价实际得分	总得分

记录：

机器视觉系统的故障诊断与排除

一、任务描述

机器视觉系统是科技智能化的产物，可代替人工视觉进行标准化的长时间作业，实现自动化生产检测的功能，大大提高了生产效率，保障了产品质量，减少了人工投入，降低了生产成本。除了做好基本的预防维护，我们还需要掌握常见的故障排除，进行及时处理。才能实现拍照精准、响应迅速，以便在遇到视觉问题时，能快速恢复正常使用，从而保证整个工作站的稳定可靠运行。

二、任务目标

学会机器视觉系统的常见故障诊断与排除。

三、任务实操与评价

机器视觉系统在进行频繁的拍照识别、信息处理时，一直保持着高动态的响应，偶尔会出现一些异常，为了能精准识别所需检测的物体，我们需要熟悉常见的故障，并能及时地进行排查。

下面根据此工作站使用到的 OmRon 视觉设备进行常见故障诊断。

1. 打开检测程序提示找不到相机或相机掉线、图像黑屏

遇到这种情况，一般可以按照图 3-65 所示的流程尝试排除。

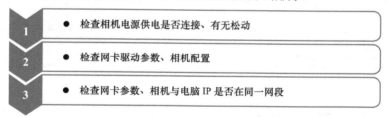

1	● 检查相机电源供电是否连接、有无松动
2	● 检查网卡驱动参数、相机配置
3	● 检查网卡参数、相机与电脑 IP 是否在同一网段

图 3-65　排查步骤 1

检查电线连接如图 3-66 所示。

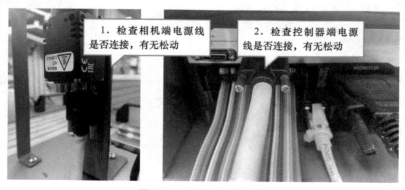

图 3-66　检查电线连接

在"工具"→"系统设置"中查看通信及网卡设定有无错误，如图3-67所示。

图3-67　查看通信及网卡设定

若以上处理均无法解决，请及时更换相关配件。

2. 断电或强制关机重启计算机后找不到相机

一般可以按照图3-68所示的流程尝试排除。具体操作如图3-69、图3-70所示。

1. ● 尝试从设备管理器里禁用网卡、把相机电源线拔掉断电后过2min再通电重启计算机

2. ● 相机电源适配器、相机与计算机传输数据所用的线缆是工业专用的，使用非配套的硬件会造成连接相机失败、使用过程中相机掉线

图3-68　排查步骤2

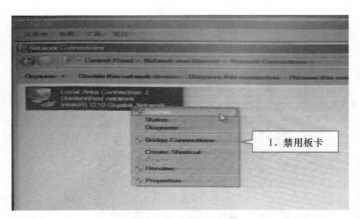

图3-69　禁用板卡

图3-70　插拔电源线并重启

若以上处理均无法解决，请及时更换相关配件。

3. 视觉拍摄视野太暗

一般可以按照图 3-71 所示的流程尝试排除。具体操作如图 3-72、图 3-73 所示。

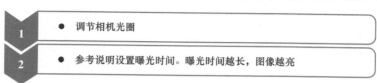

图 3-71　排查步骤 3

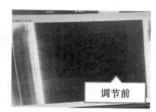

图 3-72　调节光圈　　　　　　　　　　　图 3-73　调节前后对比

若以上处理均无法解决，请及时更换相关配件。

4. 视觉拍摄视野模糊不清晰

一般可以按照图 3-74 所示方式尝试排除。具体操作如图 3-75、图 3-76 所示。

图 3-74　排查步骤 4

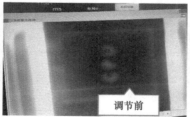

图 3-75　调节焦距　　　　　　　　　　　图 3-76　调节前后对比

若以上处理均无法解决，请及时更换相关配件。

5．图像的颜色有误和有偏色

一般可以按照图 3-77 所示的方式尝试排除。

● 查看用户手册设置白平衡

图 3-77　排查步骤 5

6．图像拍摄显示不完整

一般可以按照图 3-78 所示的方式尝试排除。

● 查看用户手册调大分辨率

图 3-78　排查步骤 6

7．噪点很多、不清晰

一般可以按照图 3-79 所示的方式尝试排除。

● 查看用户手册设置增益。增益越小，越清晰

图 3-79　排查步骤 7

学习情况评估表

任务编号 _____

学生姓名		日期	
班级		开始时间	
实训室		结束时间	

A　过程检查（30 分）

编号	任务	分值	自我评价	教师评价
1	诊断打开检测程序提示找不到相机或相机掉线、图像黑屏的问题	4		
2	诊断断电或强制关机重启计算机后找不到相机的问题	4		
3	诊断视觉拍摄视野太暗的问题	4		
4	诊断视觉拍摄视野模糊不清晰的问题	4		
5	诊断图像的颜色有误和有偏色的问题	4		
6	诊断图像拍摄显示不完整的问题	4		

（续）

编号	任务	分值	自我评价	教师评价
7	诊断噪点很多、不清晰的问题	4		
8	诊断问题心得总结	2		
总分			30	
实际得分				

记录：

B 结果评价（70分）

编号	任务	分值	自我评价	教师评价
1	排除打开检测程序提示找不到相机或相机掉线、图像黑屏的问题	9		
2	排除断电或强制关机重启计算机后找不到相机的问题	9		
3	排除视觉拍摄视野太暗的问题	9		
4	排除视觉拍摄视野模糊不清晰的问题	9		
5	排除图像的颜色有误和有偏色的问题	9		
6	排除图像拍摄显示不完整的问题	9		
7	排除噪点很多、不清晰的问题	9		
8	排除故障问题心得总结	7		
总分			70	
实际得分				

记录：

过程检查实际得分	结果评价实际得分	总得分

记录：

任务 3-7 传感器的故障诊断与排除

一、任务描述

在定期做好预防维护后，传感器可能会出现感应异常的情况，会使工作站在运行过程中出现误判，因此需要我们及时分析故障原因并进行排查，以便在遇到问题时，能快速恢复正常使用，从而保证整个工作站的稳定可靠运行。

二、任务目标

学会光电传感器的常见故障诊断与排除。

三、任务实操与评价

本工作站中的光电传感器具有精度高、反应快、非接触式测量且结构简单等特点，在检测和控制中应用非常广泛。不过传感器在长时间的工作中，避免不了出现一些故障，熟悉光电传感器常见的故障，并能及时地进行排查，可避免影响其他工作单元，提高运行效率。

1. 传感器检测输出信号相反

在检测物体时，物体遮挡传感器，没有输出信号，反之未遮挡时输出信号。

一般可以按照图 3-80 所示的流程尝试排除。调节拨码开关旋钮操作如图 3-81 所示。

● 传感器旋钮设置不正确，重新调节拨码开关

图 3-80 排查步骤 1

可以使用小号一字螺钉旋具对旋钮进行调整

此旋钮为拨码开关，设置亮通或是暗通；这里拨至 L 处

图 3-81 调节拨码开关旋钮

2. 传感器检测输出信号不稳定

在检测物体时，不同物体遮挡传感器，输出信号不稳定。

一般可以按照图 3-82 所示的流程尝试排除。

● 感应距离不准确，重新调节传感器感应距离至最佳位置

图 3-82 排查步骤 2

调节感应距离旋钮操作如图 3-83 所示。

图 3-83 调节感应距离旋钮

图 3-84 为调节感应距离旋钮前后对比。

图 3-84 调节感应距离旋钮前后对比

3. 传感器检测无法输出信号

如果以上常见故障排查后，传感器仍然无法输出信号，请按图 3-85 所示的步骤再进行一一排查。

1	● 清理表面粉尘
2	● 光照强度有无超过额定范围
3	● 检测传感器输入电压是否在标准范围内
4	● 该传感器为直流供电，确认正负极
5	● 电缆周围是否有电气干扰
6	● 检测物体是否符合标准检测物体或者最小检测物体的标准
7	● 传感器光轴有没有对准问题，探头部分和反光板光轴必须对准

图 3-85 排查步骤 3

若以上情况都排除，需更换传感器。

学习情况评估表

任务编号 _____

学生姓名		日期	
班级		开始时间	
实训室		结束时间	

A 过程检查（**30** 分）

编号	任务	分值	自我评价	教师评价
1	诊断传感器检测输出信号相反问题	8		
2	诊断传感器检测输出信号不稳定问题	8		
3	诊断传感器检测无法输出信号问题	8		
4	诊断问题心得总结	6		
总分			30	
实际得分				

记录：

B 结果评价（**70** 分）

编号	任务	分值	自我评价	教师评价
1	排除传感器检测无输出信号问题	20		
2	排除传感器检测输出信号不稳定问题	20		
3	排除传感器检测无法输出信号问题	20		
4	排除故障问题心得总结	10		
总分			70	
实际得分				

记录：

过程检查实际得分	结果评价实际得分	总得分

记录：